Peng Zhang

Visão geral dos materiais avançados

Peng Zhang

Visão geral dos materiais avançados

Para materiais e dispositivos para novas energias

ScienciaScripts

Imprint

Cover image: www.ingimage.com

This book is a translation from the original published under ISBN 978-620-7-80615-7.

Publisher:
Sciencia Scripts
is a trademark of
Dodo Books Indian Ocean Ltd. and OmniScriptum S.R.L publishing group

120 High Road, East Finchley, London, N2 9ED, United Kingdom
Str. Armeneasca 28/1, office 1, Chisinau MD-2012, Republic of Moldova, Europe
Managing Directors: Ieva Konstantinova, Victoria Ursu
info@omniscriptum.com

Printed at: see last page
ISBN: 978-620-8-55901-4

Conteúdo

PREFÁCIO

As baterias de lítio-enxofre (Li-S) têm o potencial de fornecer uma grande densidade de energia específica de 2600 Wh kg^{-1} com base nas capacidades específicas ultraelevadas do cátodo de enxofre (1675 mAh g^{-1} em teoria) e do ânodo de lítio metálico (3860 mAh g^{-1} em teoria), o que as torna uma alternativa promissora às actuais Li-Bs. O maior desafio para a aplicação realista das baterias de Li-S reside na grande dificuldade em ultrapassar os obstáculos da cinética lenta e do vaivém de polissulfuretos (LiPS) do cátodo de enxofre a uma carga elevada de enxofre para uma utilização continuamente elevada de enxofre durante ciclos prolongados de carga-descarga [3,4]. Entre a extensa investigação, destacam-se os materiais de nanocarbono, tais como vários tipos de carbono poroso, materiais de carbono de baixa dimensão, incluindo grafeno 2D dopado com azoto e nanotubos de carbono ID, fibras de carbono, nanoflocos de carbono e seus híbridos. No entanto, a superfície não polar dos materiais de carbono está menos ligada ao LiPS polar e, por conseguinte, só pode bloquear fisicamente o LiPS [5]. Assim, os materiais polares (incluindo os óxidos metálicos, sulfuretos, fosforetos, nitretos e carbonetos) têm sido utilizados para se misturarem com materiais de carbono e actuarem como hospedeiros de enxofre para suprimir o efeito de vaivém através de uma forte interação química entre a superfície polar e o LiPS [6,8]. Por outro lado, espera-se que os materiais polares apresentem efeitos catalíticos na conversão de PSs. Em suma, os materiais polares condutores ideais para as baterias de Li-S devem possuir uma forte ligação aos PSs, podendo, entretanto, promover eficazmente a conversão dos PSs e aliviar a passivação da superfície. Por conseguinte, para atingir estes objectivos, a conceção e a otimização dos mediadores polares condutores são motivo de grande preocupação e continuam a ser grandes desafios.

Chapter 1: As baterias de lítio-enxofre (Li-S) têm sido consideradas como uma tecnologia promissora de armazenamento de energia da próxima geração devido à sua densidade de energia teórica ultraelevada em comparação com as baterias tradicionais de iões de lítio. No entanto, as aplicações práticas das baterias de Li-S continuam a ser bloqueadas por problemas notórios, como o efeito de vaivém e o crescimento incontrolável de dendritos de lítio. Recentemente, o rápido desenvolvimento da tecnologia de electrospinning fornece métodos fiáveis para a preparação de materiais de nanofibras flexíveis e é amplamente aplicado às baterias de Li-S, servindo como hospedeiros, interlayers e separadores, que são considerados como uma estratégia promissora para obter baterias de Li-S flexíveis de elevada densidade energética. Nesta revisão, é apresentada uma introdução fundamental à tecnologia de electrospinning e às várias nanofibras baseadas em electrospinning utilizadas em baterias flexíveis de Li-S. Mais importante ainda, os parâmetros cruciais da capacidade específica , a relação eletrólito/enxofre (E/S), a carga de enxofre e a densidade de corrente do cátodo são enfatizados com base no modelo matemático proposto, no qual as nanofibras baseadas em electrospinning são utilizadas como componentes importantes nas baterias Li-S para atingir uma elevada densidade de energia gravimétrica (WG) e volumétrica (WV) de 500 Wh kg^{-1} e 700 Wh L^{-1}, respetivamente. Estes resumos sistemáticos não só fornecem os princípios para a conceção de eléctrodos baseados em nanofibras, como também propõem direcções esclarecedoras para a comercialização de baterias Li-S com WG e WV elevados.

Chapter 2: A primeira secção descreve a conceção de um sistema de eletrólito em gel assimétrico e estruturalmente estável para permitir uma elevada condutividade iónica, resistência à chama e um bloqueio eficaz do shuttling. Este eletrólito em gel multifuncional utiliza uma rede electrofiada de nanofibras entrelaçadas de fluoreto de polivinilideno-co-hexafluoropropileno (PVDF-HFP) como suporte estrutural, com uma suspensão de SiO2-álcool polivinílico (SiO2@PVA) carregada numa superfície por revestimento de lâmina. Estas membranas de PVDF-HFP revestidas assimetricamente são altamente molháveis, o que é essencial para uma gelificação completa, com os seus canais porosos bem conectados para permitir uma condutividade iónica excecional acima do limite do separador Celgard convencional, para acomodar grandes mudanças volumétricas durante as reacções redox, para proteger os polissulfuretos e evitar os dendritos de lítio. Em última análise, a aplicação do eletrólito em gel a uma célula modelo de Li-S com cátodo contendo 90% de S proporcionou uma elevada capacidade inicial de 1439 mA h g^{-1} a 0,1C e uma notável estabilidade ciclística ao longo de 300 ciclos a 1C. Espera-se que o atual eletrólito em gel forneça um meio valioso para o desenvolvimento de baterias Li-S seguras, duráveis e de baixo custo de importância prática.

A segunda secção demonstra que A fuga de eletrólito líquido e a formação de dendritos de lítio colocam desafios à segurança e estabilidade das baterias de lítio metálico (LMBs). O aparecimento do eletrólito de polímero em gel (GPE) melhorou obviamente a segurança das LMBs tradicionais. No entanto, a inibição limitada do GPE nas dendrites de lítio é prejudicial para a segurança das LMB. Neste contexto, foi preparado um tipo de GPE de poli (fluoreto de vinilideno-co-hexafluoropropileno) (PVDF-HFP)/Gelatina (HFP-GN) com elevada condutividade iónica, resistência a altas temperaturas e retardamento de chama, através do método de electrospinning e imersão. A utilização da rede de electrospinning de PVDF-HFP, a sua afinidade com electrólitos líquidos, torna este GPE mais benéfico para o transporte de iões e a formação de gel. E, o GN com propriedades sol-gel, melhora a propriedade mecânica (13,5 MPa) do GPE HFP-GN. Entretanto, a espetroscopia de fotoelectrões de raios X (XPS) e a teoria do funcional da densidade (DFT) sugerem que a atração dos grupos polares do GN pelo Li+ pode regular a distribuição do Li^+ e proteger os ânodos de Li. Consequentemente, a aplicação de GPEs HFP-GN a LMBs com cátodos de LiFePO4 e L1COO2 proporciona excelentes desempenhos electroquímicos: após 300 ciclos, a bateria LiFePO4/HFP-GN GPE/Li mantém uma baixa taxa de decaimento da capacidade de 0,09% a 5 C; após 400 ciclos a 2 C, a célula LÌCOO2/HFP-GN GPE/Li mantém uma elevada retenção de capacidade de 74%. Este GPE é demonstrado para a perspetiva de aplicação de LMBs seguros.

Chapter 3: Na primeira secção, é utilizada uma conceção eficiente do electrocatalisador de CoSe de dupla função encapsulado em cadeia de carbono (CoSe@CCM) como hospedeiro para a regulação simultânea do cátodo e do ânodo. A corrente de carbono constituída por uma camada de carbono encapsulado que se liga às nanofibras de carbono protege o CoSe da corrosão do ambiente de reação química, garantindo a elevada atividade do CoSe durante os ciclos de longa duração. A bateria completa de Li-S que utiliza este catalisador de cota de malha de carbono com um rácio de capacidade de elétrodo negativo/positivo inferior (N/P < 2) apresenta uma elevada capacidade de área de 9,68 mAh cm'^{2} ao longo de 150 ciclos com uma carga de enxofre superior de 10,67 mg cm^{-2}. Além disso, uma célula de bolsa foi estável durante 80 ciclos com uma carga de enxofre de 77,6 mg, mostrando a viabilidade prática deste projeto.

A segunda secção apresenta as estruturas dos poros dos electrocatalisadores à base de nanofolhas de carbono, que foram controladas com precisão através da regulação do conteúdo do modelo KC1 solúvel em água. Foi estudada a relação entre as estruturas dos poros e o comportamento eletroquímico do Li-S, o que demonstra uma influência fundamental da estrutura dos poros nas conversões de fase dos polissulfuretos. Na reação redox líquido-slóide dos polissulfuretos, os microporos e os pequenos mesoporos (d < 20 nm) tiveram pouco impacto, enquanto os mesoporos (d > 20 nm) e os macroporos desempenharam um papel decisivo. Como uma exibição típica, as nanofolhas de carbono incorporadas em níquel (Ni-CNS) com um alto conteúdo de grandes mesoporos e macroporos podem ajudar as baterias Li-S a exibir um desempenho estável de ciclagem (760,1 mAh g^{-1} a 1 C após 300 ciclos) e capacidade de taxa superior (847,8 mAh g^{-1} a 2 C). Além disso, mesmo com uma carga elevada de enxofre (8 mg cm^{-2}) e um eletrólito baixo (E/S é de cerca de 6 pL mg^{-1}), pode ser alcançada a elevada capacidade de área de 7,7 mAh cm^{-2} a 0,05 C. Este trabalho pode fornecer uma orientação para a conceção da estrutura de poros de electrocatalisadores à base de carbono para reacções redox de espécies de enxofre de elevada eficiência e proporcionar uma abordagem geral, controlável e simples para a construção de baterias Li-S de elevado desempenho.

O trabalho foi apoiado pela Fundação Nacional de Ciências Naturais da China (n.º U2004172, 51972287 e 51502269), pela Fundação de Ciências Naturais da Província de Henan (n.º 202300410368, 222301420039) e pela Fundação para Professores-Chave Universitários da Província de Henan (n.º 2020GGJS009) e patrocinado pelo Programa para Talentos de Inovação Científica e Tecnológica em Universidades da Província de Henan (23HASTIT001).

Referências:

[1] Guo W, Zhang W, Si Y, Wang D, Fu Y, Manthiram A. Interfaces artificiais duplas sólido-eletrólito baseadas na transformação in situ de organotióis em baterias de lítio-enxofre. Nat Commun. 2021;12(l):3031.

[2] Zhao C, Xu GL, Yu Z, et al. Uma célula de bolsa de lítio-enxofre de alta energia e de ciclo longo através de um cátodo catalítico macroporoso com sítios de ligação de extremidade dupla. NatNanotechnol. 2021;16(2): 166173.

[3] Shaibani M, Mirshekarloo MS, Singh R, et al. Arquiteturas tolerantes à expansão para ciclagem estável de cátodos de enxofre de carga ultra-alta em baterias de lítio-enxofre. Sci Adv. 2020;6(l):2757.

[4] Luo C, Hu E, Gaskell KJ, et al. Um cátodo de enxofre quimicamente estabilizado para baterias de lítio sulfúrico com eletrólito pobre. Proc Natl Acad Sci USA. 2020;117(26):14712-14720.

[5] Bhargav A, He JR, Gupta A, Manthiram A. Lithium-sulfur batteries: attaining the critical metrics. Joule. 2020;4(2):285-291.

[6] Li J, Kong Z, Liu X, et al. Estratégias para a proteção do ânodo na bateria de lítio metálico: uma revisão. InfoMat. 2021;3(12):1333-1363.

[7] Zhang Y, Zhang X, Silva SRP, Ding B, Zhang P, Shao G. As baterias de lítio-enxofre

encontram a electrospinning: avanços recentes e os parâmetros-chave para uma elevada densidade de energia gravimétrica e volumétrica. Adv Sci. 2022;9(4):2103879.
[8] Hou R, Zhang S, Zhang Y, et al. Uma configuração de "três regiões" para uma cinética eletroquímica melhorada e baterias de lítio-sulfúrico de elevada capacidade. AdvFunctMater. 2022;32(19):2200302.

CAPÍTULO 1

As baterias de lítio-enxofre encontram-se com a electrospinning: Avanços recentes e os parâmetros-chave para uma elevada densidade de energia gravimétrica e volumétrica

Conteúdo

INTRODUÇÃO

Com o rápido esgotamento dos recursos fósseis e o aumento da poluição ambiental, é urgente a criação de fontes de energia renováveis respeitadoras do ambiente. Uma vez que a exploração de fontes de energia renováveis comuns (eólica, geotérmica e solar) é limitada pela sua natureza intermitente, o desenvolvimento de sistemas de armazenamento de energia altamente eficientes com elevada densidade de energia gravimétrica (W_G) e volumétrica (W_V) tem sido objeto de intensa investigação nos últimos anos.[1]

As baterias de lítio-enxofre (Li-S) são um dos candidatos mais promissores e têm sido intensamente estudadas, devido ao seu baixo custo, elevada capacidade teórica (1675 mAh-g'^{1}) e densidade energética (2600 Wh-kg'^{1}), bem como à sua compatibilidade ambiental.[2] No entanto, o complexo processo de reação eletroquímica em várias etapas e a conversão em fase sólido-líquido-sólido entre S e L12S conduzem a limites severos inerentes às aplicações práticas das baterias de Li-S.[3] Além disso, os problemas notórios, incluindo a fraca condutividade de S e L12S,[4] o efeito de vaivém dos polissulfuretos (LiPS)[5] e a cinética de conversão lenta das espécies de enxofre no cátodo,[6] o crescimento excessivo de dendritos de lítio[7] e a interface instável do eletrólito sólido (SEI) no ânodo,[8] e a elevada inflamabilidade do separador[9] podem também causar uma cinética de reação lenta, uma utilização insuficiente do enxofre, uma fraca estabilidade do ciclo e riscos de segurança nas baterias Li-S. É de grande importância e desafio resolver os problemas acima referidos como um todo[10].

Nas últimas décadas, muitos investigadores dedicaram-se ao desenvolvimento de novas tecnologias e materiais para resolver os problemas das baterias Li-S.[11]Beneficiando disto, o desempenho eletroquímico das baterias Li-S foi melhorado e o mecanismo de reação envolvido está a tornar-se claro.[12] Com base nas questões problemáticas do cátodo, do ânodo e do separador das baterias de Li-S, foram construídos e modificados muitos tipos de materiais e estruturas funcionais.[13] Entre eles, a adoção de vários materiais estruturais de nanofibras nas baterias de Li-S tem sido considerada uma estratégia promissora, devido à sua estrutura única e diversidade de composição. Como método comum de preparação de nanofibras, a tecnologia de electrospinning apresenta muitos méritos, tais como simplicidade, versatilidade e baixo custo. Além disso, as nanofibras electrospun podem ser concebidas ajustando os componentes do precursor ou o procedimento subsequente para obter estruturas únicas (nanofios, oco, casca de gema, casca de gema múltipla e estrutura composta) e grupos funcionais múltiplos (autónomo, flexível, elevada resistência mecânica e grande área de superfície), o que as torna adequadas

aplicados a baterias de Li-S, servindo como hospedeiros, interlayers e separadores.

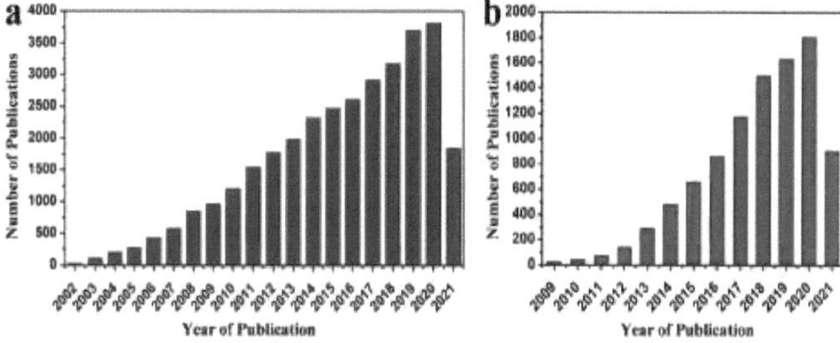

FIGURA 1. a) Estatísticas de publicações baseadas na técnica de electrospinning de 1 de janeiro de 2002 a 1 de julho de 2021, pesquisando "electrospinning" como "topic" no sítio Web of Science, b) Estatísticas de publicações de baterias Li-S de 1 de janeiro de 2009 a 1 de julho de 2021, pesquisando "Li-S batteries" como "topic" no sítio Web of Science.

Como componente mais importante do sistema de baterias de Li-S, o cátodo tem sofrido muito com a fraca condutividade, o efeito de vaivém,[14] a cinética de reação lenta e a flutuação de volume entre S e L12S,[15] o que poderia ser resolvido utilizando nanofibras de carbono derivadas de electrospinning acopladas a electrocatalisadores que servem de hospedeiro de enxofre.[16] Por outro lado, o separador é também uma parte fundamental e crítica do sistema de baterias Li-S, que geralmente é uma membrana polimérica porosa (como o polietileno (PE) e o polipropileno (PP)) e fácil de transportar iões de lítio, mas com isolamento elétrico.[17] Uma vez que os actuais separadores PP/PE têm boa aplicabilidade e estabilidade na bateria de Li-S, também apresentam algumas deficiências graves: (1) estabilidade térmica inferior; (2) fraca molhabilidade do eletrólito; (3) fraca capacidade de barreira aos polissulfuretos.[18] As nanofibras baseadas em electrospinning também poderiam lidar com os obstáculos que os separadores PP/PE encontram nas baterias de Li-S. Por exemplo, o grupo de Mai relatou um separador modificado por electrospinning, que possuía os méritos de boas propriedades mecânicas, estabilidade térmica e retenção do transporte de LiPS, permitindo o excelente desempenho eletroquímico das baterias de Li-S.[19] Quanto ao ânodo de lítio, o crescimento excessivo de dendritos de Li pode ser confinado utilizando estruturas 3 D derivadas de electrospinning para servirem de hospedeiros litiofílicos, o que foi comprovado em muitos trabalhos publicados.[20] Em suma, pode criar-se um enorme desenvolvimento quando as baterias de Li-S se encontram com a electrospinning.[21] Beneficiando do desenvolvimento da tecnologia de electrospinning, surgem muitos materiais nanofibrosos funcionais novos e abundantes, proporcionando novas abordagens para resolver os problemas das baterias de lítio-enxofre.

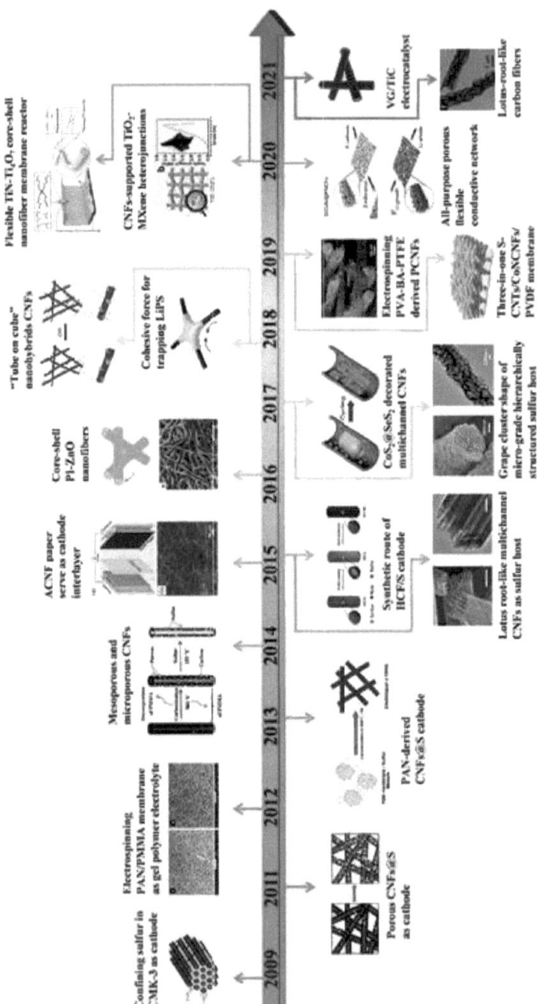

FIGURA 2. Uma breve cronologia e uma estrutura representativa baseada na técnica de electrospinning para a melhoria do desempenho eletroquímico das baterias de Li-S, contendo o cátodo de enxofre como hospedeiro, a intercamada, o separador e o ânodo de lítio como hospedeiro.

A Figura la revela que o número de publicações baseadas na técnica de electrospinning aumenta drasticamente de ano para ano, o mesmo acontecendo com as baterias Li-S (Figura lb), o que confirma o papel vital da técnica de electrospinning no campo da investigação científica e o rápido desenvolvimento das baterias de lítio-enxofre.[22] Dadas as grandes promessas da utilização de nanofibras, esta revisão apresenta os progressos recentes da utilização de nanofibras baseadas na tecnologia de electrospinning em baterias Li-S, principalmente incluindo o hospedeiro de enxofre do cátodo, a intercamada, o separador e o hospedeiro do ânodo. Em primeiro lugar, a Figura 2 resume uma breve cronologia e uma estrutura representativa baseada na técnica de electrospinning para a melhoria do desempenho eletroquímico das baterias de Li-S, contendo enxofre no cátodo, camada intermédia, separador e ânodo de lítio. Em seguida, apresentamos uma visão geral da superioridade da utilização de nanofibras baseadas na técnica de electrospinning em baterias Li-S, confirmando o papel especial desempenhado pela electrospinning em resposta aos problemas do sistema Li-S. Em seguida, é apresentado um resumo do recente desenvolvimento de baterias de Li-S com base em nanofibras de electrospinning. Mais importante ainda, estabelecemos um modelo matemático para sondar os parâmetros-chave das baterias Li-S de alta densidade energética e deduzimos os possíveis parâmetros que utilizam as nanofibras baseadas em electrospinning como componentes importantes nas baterias Li-S para atingir o elevado W_G e W_V de 500 Wh-kg' [1] e 700 $Wh\text{-}L^{-1}$, respetivamente. Esperamos sinceramente que esta revisão esclareça os investigadores com interesse e paixão pelo desenvolvimento de baterias Li-S de alta densidade energética no futuro.

2. O MECANISMO DE FUNCIONAMENTO E OS OBSTÁCULOS

2.1 Mecanismo de funcionamento

As baterias de Li-S envolvem reacções de múltiplos electrões e conversão de múltiplas fases no processo redox, o que as torna mais complexas do que as baterias de iões de lítio tradicionais[41] Nas últimas décadas, foram envidados muitos esforços para descobrir o mecanismo de funcionamento do sistema de Li-S a partir de experiências e cálculos teóricos que promovem grandemente o desenvolvimento de eléctrodos de lítio e enxofre. A Figura 3 mostra a representação esquemática e o perfil de carga-descarga de uma bateria Li-S típica. Atualmente, um mecanismo amplamente aceite é o seguinte:

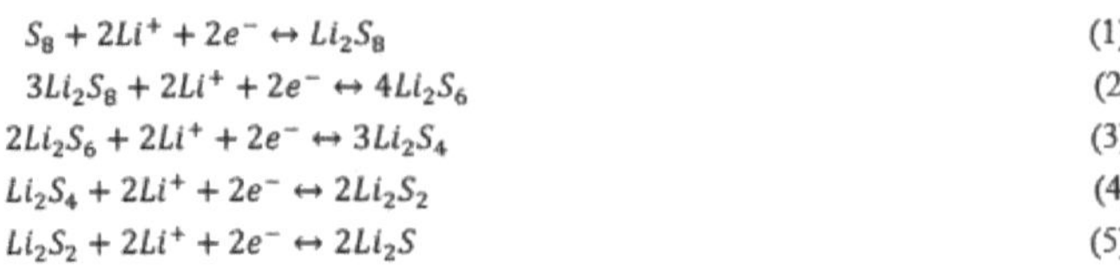

$$S_8 + 2Li^+ + 2e^- \leftrightarrow Li_2S_8 \quad (1)$$
$$3Li_2S_8 + 2Li^+ + 2e^- \leftrightarrow 4Li_2S_6 \quad (2)$$
$$2Li_2S_6 + 2Li^+ + 2e^- \leftrightarrow 3Li_2S_4 \quad (3)$$
$$Li_2S_4 + 2Li^+ + 2e^- \leftrightarrow 2Li_2S_2 \quad (4)$$
$$Li_2S_2 + 2Li^+ + 2e^- \leftrightarrow 2Li_2S \quad (5)$$

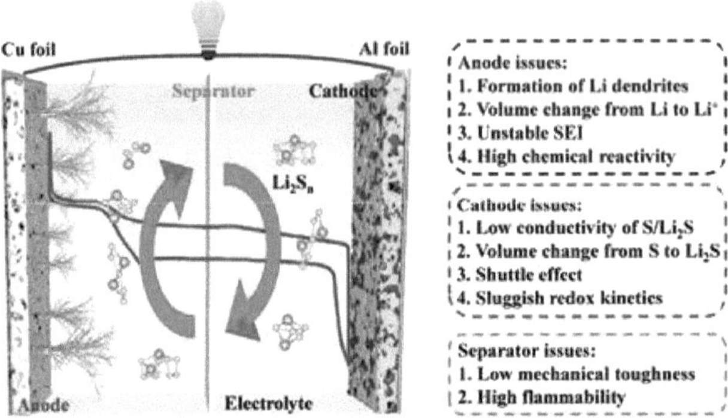

FIGURA 3: A ilustração esquemática das baterias Li-S e os desafios do ânodo, cátodo e separador. A linha vermelha interna é a curva de carga-descarga das baterias de Li-S.

No processo de descarga, o ânodo de lítio é oxidado a Li^+ e liberta um eletrão para o cátodo de enxofre através do circuito externo. No cátodo, o processo de reação é mais complicado, envolvendo a conversão eletroquímica de vários electrões de ciclo-Ss para L12S. Inicialmente, o Ss é reduzido a uma série de LiPS de cadeia longa (Li2Sn, 4 An A8) a 2,3 V, o que corresponde ao primeiro patamar de tensão no perfil de descarga com uma capacidade específica teórica de 418 mAh-g'^{1}. Estes LiPS solúveis são ainda reduzidos a LÌ2S2/L12S sólidos a 2,1 V, o que corresponde ao segundo patamar de tensão no perfil de descarga com uma capacidade teórica de 1254 mAh-g'^{1}. Para o processo de carga subsequente, o L12S é reconvertido em Ss através de polissulfuretos, que é o processo inverso da descarga.

2.2 . Principais barreiras das baterias Li-S

Apesar das caraterísticas de elevada capacidade específica e densidade energética, existem ainda várias barreiras principais que dificultam a aplicação realista das baterias Li-S. As químicas electroquímicas e os obstáculos envolvidos nas baterias de Li-S estão resumidos na Figura 3. (l)Para o ânodo de lítio

O lítio possui uma capacidade específica teórica elevada de 3860 mA-g'^{1} e o potencial de redução mais baixo (-3,04 V em relação ao elétrodo de hidrogénio padrão), o que o torna um ânodo ideal para um sistema eletroquímico de armazenamento de energia.[42] No entanto, a utilização do ânodo de lítio é o maior desafio para a aplicação comercial das bateriasLi-S : 1) o crescimento excessivo dos dendritos de lítio causado pela distribuição não homogénea da densidade de corrente e pelo gradiente de concentração de Li^+ resultará no contacto elétrico direto entre o cátodo e o ânodo e no curto-circuito de uma bateria; 2) a flutuação do volume durante o processo de revestimento/descasque do Li^+ no ânodo de lítio conduzirá a uma baixa taxa de utilização e à formação de Li morto; 3) o lítio altamente reativo reage espontaneamente com electrólitos orgânicos para formar SEI instável, o que resultará num consumo contínuo de eletrólito e lítio; 4) a passivação superficial do lítio causada pela formação de L12S a partir do "efeito de vaivém" aumentará a transferência de massa na célula.

(2) Para o cátodo de enxofre:

O elemento enxofre, caracterizado como abundante na terra, ambientalmente benigno e de alta capacidade específica em baterias Li-S, ainda sofre alguns problemas notórios como os seguintes: 1) a natureza isolante do enxofre e do L12S limita severamente as reacções electroquímicas e leva à baixa utilização de materiais activos nas baterias Li-S; 2) a grande diferença de densidade do Ss e do L12S leva a uma enorme flutuação de volume durante o processo redox, o que resultará no colapso da estrutura do cátodo; 3) a elevada solubilidade dos LiPSs no eletrólito orgânico conduz ao "efeito de vaivém" nas baterias de Li-S, diminuindo drasticamente a eficiência Coulombiana, a capacidade específica e a estabilidade do ciclo; 4) a elevada concentração de LiPSs em condições de elevada carga de enxofre provoca uma cinética lenta nas reacções redox, especialmente no processo de transformação deLizSi para L12S[43]

(3) Para o separador:

O separador, uma parte fundamental e crítica do sistema de baterias Li-S, é geralmente uma membrana polimérica porosa e fácil de transportar iões de lítio, mas com isolamento elétrico.[19,44] Embora o separador não participe diretamente na reação redox na química Li-S, as suas propriedades afectam intensamente o desempenho eletroquímico da capacidade específica, o ciclo de vida e a segurança, que incluem a molhabilidade, a estabilidade química, a resistência mecânica e a porosidade. Tendo em conta o notório "efeito de vaivém", o separador que serve no sistema de bateria Li-S requer exigências mais rigorosas para suprimir o vaivém de LiPSs. Mais importante ainda, a segurança do sistema de bateria é altamente relevante para a qualidade do separador, pelo que a estabilidade e a resistência ao calor do separador devem ser objeto de preocupação.

3. as nanofibras nas baterias de lítio

3.1 Parâmetros sobre a formação de fibras

A electrofiação foi inventada pela primeira vez como uma nova técnica patenteada para preparar nanofibras superiores em 1934,[45] que é um procedimento de fiação de fibras, utilizando alta voltagem estática para gerar fibras com diâmetros ajustáveis que variam entre alguns nanómetros e micrómetros.[46] A parte básica da electrofiação inclui uma fonte de alta voltagem como força motriz, uma seringa ligada a uma fieira para gerar uma gota pendente e um coletor condutor para recolher fibras, como se mostra no círculo central da Figura 4.

Durante o processo de electrospinning, forma-se primeiro uma gota pendente na fieira devido à tensão superficial do líquido. Sob o campo eletrostático, a repulsão eletrostática da superfície da gota pendente deforma-a num cone de Taylor, a partir do qual é ejectado um jato carregado quando a repulsão eletrostática excede a tensão superficial. Do jato às fibras é necessário um processo de mudança a longa distância, que inclui um segmento de linha reta estável e outros dois segmentos de instabilidades de flexão de movimentos vigorosos de chicoteamento. Até que o jato se estique para um diâmetro mais fino, o solvente evapora-se e forma-se uma fibra sólida, depositada no coletor condutor. Em resumo, o processo de formação de fibras por electrospinning pode ser dividido em cinco etapas: (i) formação do cone de Taylor sob o campo eletrostático; (ii) atingir a tensão crítica para formar o jato ejectado; (iii) segmento de extensão estável em linha reta do jato carregado; (iv) instabilidade do jato no campo elétrico para afinar o jato; e (vi) segmento de evaporação do solvente para formar fibras sólidas e recolha. Além disso, o processo de electrospinning será afetado por parâmetros da solução, parâmetros do processo e parâmetros ambientais, que afectarão diretamente a qualidade das fibras. Uma discussão pormenorizada destes parâmetros é apresentada nas secções seguintes.[47]

Fibras baseadas em electrospinning

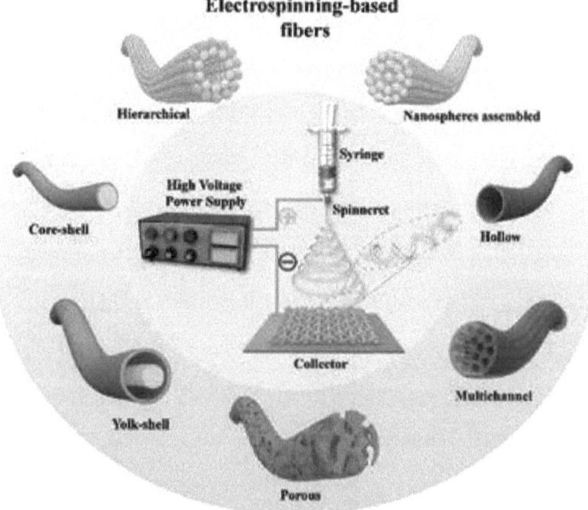

FIGURA 4. Ilustração esquemática da técnica de electrospinning e de várias nanofibras electrospun.

3.1.1. Viscosidade de solução de polímeros

Para a electrospinning de polímeros em solução, a viscosidade da solução é um parâmetro importante que influencia diretamente a qualidade das fibras baseadas na electrospinning, incluindo a capacidade de fiação. A solução com baixa viscosidade diminuirá a capacidade de estiramento do jato devido ao fraco emaranhamento entre as cadeias de polímeros, e a força eletrostática é dominante, formando partículas de névoa ou fibras em forma de pérolas. Com o aumento da viscosidade, o emaranhamento entre as cadeias de polímeros será reforçado, o que facilita a formação de fibras com maior continuidade e diâmetro uniforme. Quando a solução tem uma viscosidade demasiado elevada, a resistência viscoelástica desempenhará um papel dominante no processo de electrospinning, que é contrário à formação de um jato, impedindo a formação de fibras. Por conseguinte, a escolha de uma viscosidade de solução razoável é muito importante para a electrospinning.[48]

3.1.2. Tensão superficial e condutividade eléctrica

No processo de electrospinning, a tensão superficial e a condutividade eléctrica são um par de parâmetros que se equilibram mutuamente no controlo da formação das fibras. A força eletrostática tem de ultrapassar a tensão superficial da gota pendente, para que o processo de electrospinning possa continuar. Por conseguinte, é necessária uma elevada condutividade eléctrica na solução para garantir uma força eletrostática suficiente. A força do campo elétrico tende a esticar a gota e a aumentar a área de superfície do jato, enquanto a tensão superficial tende a manter a superfície esférica da gota e a reduzir a área de superfície do jato. Assim, a escolha de uma condutividade e tensão superficial adequadas da solução tem uma influência importante na morfologia final da fibra. Além disso, a tensão superficial pode ser controlada através do ajuste da viscosidade da solução, da composição do solvente ou da adição de tensioactivos, o que pode reduzir a tensão crítica e regular a morfologia da fibra. A condutividade da solução também pode ser regulada através da adição de sal, polielectrólito ou nanoenchimentos altamente condutores, bem como do ajuste da tensão superficial para regular a morfologia e o diâmetro da fibra.[49]

3.1.3. Tensão

A tensão é um parâmetro muito importante, que afecta diretamente a força do campo elétrico no cone e no jato de Taylor no processo de electrospinning. Por conseguinte, é necessária uma tensão crítica a partir de uma força eletrostática suficiente para ultrapassar a tensão superficial. Em geral, a alta tensão será melhor para acelerar o estiramento do jato e obter fibras de diâmetro fino, mas a tensão demasiado elevada perfurará o jato, o que afectará a qualidade e a recolha da fibra.

3.1.4. Distância de recolha das fibras

A distância de recolha é geralmente a distância entre a fieira e o coletor condutor. A electrospinning em solução requer uma distância suficiente antes da formação da fibra para permitir a evaporação do solvente, pelo que é necessária uma distância mínima de recolha. Verificou-se que uma distância de recolha demasiado longa ou demasiado curta conduzirá à formação de fibras com contas, e o efeito da distância de recolha na morfologia das fibras é diferente para diferentes tipos de processo de electrospinning de polímeros. Por exemplo, Lee et al.[50] estudaram o desempenho de fiação da solução de PVC e verificaram que, quando a distância de recolha aumentou de 10 cm para 15 cm, o diâmetro da fibra de PVC preparada diminuiu cerca de 300 nm em média. Este resultado indica que a distância de recolha tem um efeito significativo no tamanho da fibra.

3.1.5. Caudal da solução

O caudal é outro parâmetro que não pode ser ignorado no processo de electrospinning. Um caudal muito elevado ejectará demasiada solução que não poderá evaporar totalmente o solvente das fibras. Em geral, a alta tensão pode acelerar o estiramento do jato. Por conseguinte, um caudal elevado pode ser associado a uma tensão elevada para acelerar a taxa de evaporação do solvente e obter uma taxa de produção de fibras mais elevada. Além disso, um caudal mais baixo resultará na descontinuidade da solução, formando fibras descontínuas.

3.1.6. Temperatura e humidade

O aumento da temperatura pode acelerar a taxa de evaporação do solvente no processo de electrospinning, mas uma temperatura demasiado elevada conduzirá a uma evaporação demasiado rápida do solvente na fieira, o que pode bloquear o fluxo da solução. Alguns estudos demonstraram que a humidadc pode aumentar o diâmetro das fibras reduzindo o efeito de estiramento, obtendo assim fibras espessas, e uma humidade mais elevada pode aumentar a formação de poros. Além disso, uma humidade demasiado baixa também acelera a taxa de evaporação do solvente, resultando no bloqueio da fieira.

3.1.7. Polímeros

Tabela 1. Polímeros representativos e respectivos parâmetros de electrospinning.

Polímero	Solvente	Concentração (%)	Tensão (kV)	Distância de recolha (cm)	Caudal	Temperatura e humidade	Ref.
PAN	DMF	9	15	10	0,6mL-h-1	/	[32]
PVP	Etanol/ácido acético/água	5	15	15	1,5 mL-h"1	25+2 °C 45+5%	[113]
PI	NMP	15	+15, -1	15	10 uL-min-1	/	[30]
PVA	Água	15	22	18	1,5 mL-h"1	25+2 °C 45+5%	[34]
PEO	Água	8.4-^{1}2.5	15-^{2}, 0	17		/20%	[114]
PИMA	DMF	12	12	15	4 mL-h"1	25 °C 40%	[115]
PS	DMF	10-30	IO'^{2}, 0	5-^{2}	0,5-^{2} mL-h'^{1}	25 °C	[116]

Os polímeros dissolvem-se no solvente, tornando a solução precursora um pré-requisito para a electrofiação, pelo que o polímero ocupa uma posição especial no processo de electrofiação. Muitos tipos de polímeros podem servir de precursores na electrofiação, como se resume na Tabela 1.[51] É importante notar que a fonte de metal solúvel ou os grupos funcionais podem ser adicionados à solução precursora, o que provoca uma diversidade de componentes, estruturas e funções das fibras baseadas na electrofiação. É precisamente devido à diversidade da estrutura e da composição das nanofibras obtidas por electrospinning que estas podem ser concebidas para responder a aplicações muito vastas.[9b,22] Recentemente, as melhorias introduzidas no equipamento de fiação, como as agulhas e os colectores de alta velocidade, também permitem ajustar melhor a estrutura das nanofibras.[45,52]

3.2 . Superioridade da utilização da técnica de electrospinning em baterias de Li-S

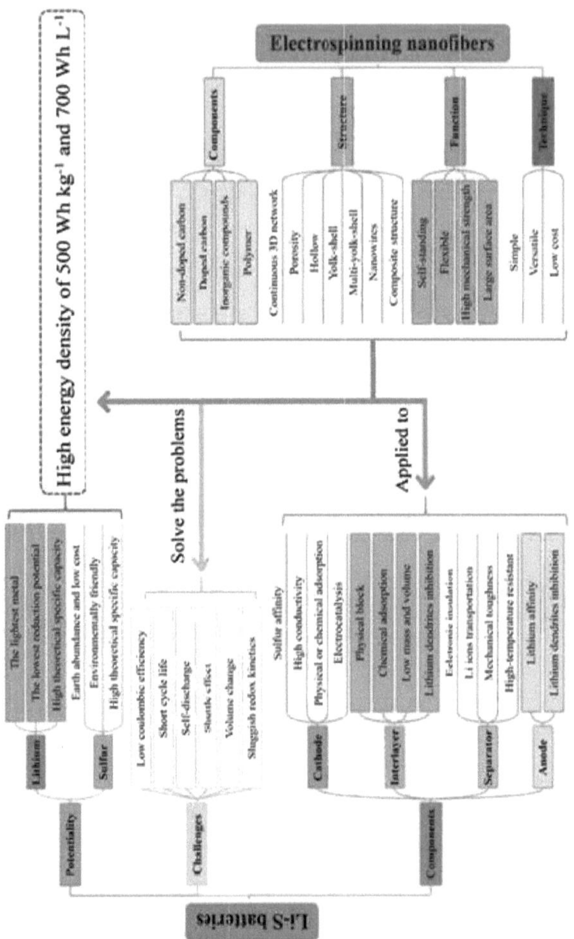

FIGURA 5. Descrição esquemática do sistema de bateria de Li-S e das nanofibras baseadas em electrospinning.

Como se pode ver na Figura 4, existe uma diversidade significativa na composição e nanomorfologia das nanofibras obtidas por electrospinning. O processo de estabilização e tratamento térmico das nanofibras obtidas por electrospinning também pode melhorar a diversidade dos componentes. Nestas condições, é possível obter uma estrutura única de nanofibras com diversas fases (polímero, carbono, composto metálico) e morfologias (oca, porosa, núcleo-casca, casca de gema).[53] Para uma representação mais sistemática, a Figura 5 apresenta um resumo visual das nanofibras baseadas em electrospinning, bem como do sistema de bateria de Li-S. Os méritos e deméritos das baterias de Li-S e os requisitos funcionais de cada componente são apresentados na parte esquerda da página , enquanto os vários elementos de conceção dos materiais das nanofibras baseadas em electrospinning são mostrados na parte direita. É precisamente devido à diversidade da estrutura e da composição das nanofibras baseadas em electrospinning que os investigadores podem conceber em resposta aos problemas das baterias de Li-S, de modo a atingir valores elevados DE WG e Wv de 500 Wh-kg^{-1} e 700 Wh-L^{-1}, respetivamente.

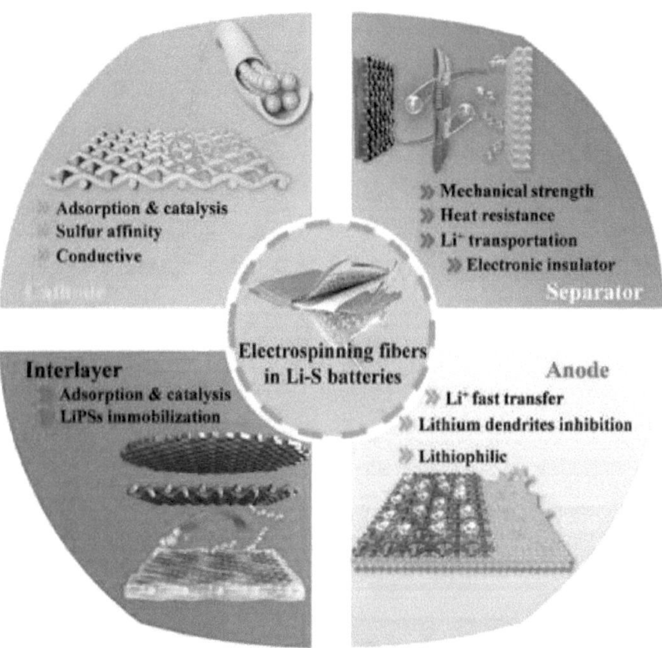

FIGURA 6. Ilustração esquemática dos materiais de nanofibras baseados em electrospinning utilizados nas quatro partes principais das baterias de Li-S.

Como se pode ver na Figura 6, as nanofibras baseadas em electrospinning utilizadas nas baterias de Li-S podem ser divididas em quatro categorias: hospedeiro do cátodo de enxofre, interlayer, separador e hospedeiro do ânodo de lítio. Para a parte do cátodo, as estruturas porosas e ocas das nanofibras mostram um grande espaço oco para acomodar uma grande massa de enxofre, e o esqueleto condutor à base de carbono pode aumentar a condutividade do cátodo de enxofre, melhorando assim a cinética da reação no sistema Li-S.[40,5c] Quanto à parte entre camadas, o efeito de interceção LiPS de uma membrana completa de nanofibras entrelaçadas é também uma tentativa nova e eficaz.[54] A parte funcional isolada de adsorção e catalítica também aumentaria a eficiência da reação redox nas baterias de Li-S.[55] Além disso, as nanofibras de polímero electrospun têm uma boa natureza de isolamento e os orifícios uniformes entre as redes de nanofibras entrelaçadas podem acomodar a rápida transferência de iões de Li, tornando-as candidatas promissoras como separador nas baterias de Li-S.[19,56] Mais importante ainda, o ingrediente das nanofibras é fácil de acomodar o lítio e restringir o crescimento excessivo dos dendritos devido à sua estrutura porosa e elevada área de superfície.[58] Alguns compostos que provaram ter uma boa afinidade com o lítio podem também ser adicionados ao esqueleto das nanofibras, melhorando ainda mais a capacidade de inibição dos dendritos de Li.[59] Para além das especialidades acima referidas, as nanofibras baseadas em electrospinning possuem uma flexibilidade e capacidade de estiramento excepcionais, o que as torna componentes únicos para baterias flexíveis de Li-S.[57] Recentemente, muitos trabalhos publicados referem que os materiais estruturais das nanofibras são candidatos ideais para a utilização como hospedeiros de separadores de lítio.

Com a crescente maturidade da tecnologia de electrofiação e a rápida evolução da nanotecnologia nos últimos anos, a associação da tecnologia de electrofiação com outras nanotecnologias inovadoras também nos proporciona novos métodos de preparação de materiais de nanofibras com diversas arquitecturas hierárquicas.[60] Os vários nanométodos, como o método hidrotérmico, o método de hidrólise e a técnica de deposição de vapor químico (CVD), são fáceis de combinar com a tecnologia de electrospinning na construção de materiais multifuncionais à base de nanofibras com um desempenho específico melhorado ou caraterísticas morfológicas fantásticas.[61] Ao contrário de outras nanotecnologias, a electrospinning apresenta uma vantagem insubstituível em termos de integridade macroscópica, uma vez que a escala da membrana de electrospinning pode facilmente atingir grandes dimensões de 20 cm*20 cm, o que mostra uma ampla perspetiva de aplicação prática.[53]

4 .PARÂMETROS CRUCIAIS DE DOMINAÇÃO DO WG E Wv EM BATERIAS Li-S

Para atingir os elevados valores DE WG e Wv das baterias Li-S em aplicações comerciais baseadas nas nanofibras de electrospinning, deve ser dada atenção não só ao estudo do material, mas também à estrutura do elétrodo e à engenharia dos componentes da célula. Por conseguinte, sublinhámos que, a partir dos resumos da investigação fundamental, a capacidade específica, a relação eletrólito/enxofre (E/S), a carga de enxofre e a densidade de corrente do cátodo são parâmetros cruciais para alcançar elevados VALORES DE WG e Wv nas baterias Li-S. Além disso, apresentámos um modelo matemático baseado nas nanofibras baseadas em electrospinning que servem de cátodo e ânodo, e um separador para sondar os parâmetros cruciais que dominam o WG e o Wv nas baterias Li-S.[62]

4.1.A influência da capacidade específica e da carga de enxofre no WG das baterias de Li-S

Embora as baterias de Li-S sejam bem conhecidas pela sua elevada capacidade específica de 1675 mAh-g'[1], não podem ser totalmente alcançadas em condições práticas devido à natureza instintiva do enxofre e do L12S, especialmente com uma elevada carga de enxofre no cátodo. Por conseguinte, as baterias com elevada capacidade específica são a condição prévia para um elevado WG. Dada a complexidade das baterias Li-S, é necessário considerar todos os parâmetros de WG, incluindo a densidade, a carga de enxofre, a relação N/P e a relação E/S. Para simplificar o modelo matemático baseado na técnica de electrospinning, estabelecemos um modelo que consiste em fibras baseadas em electrospinning com lítio como ânodo, fibras baseadas em electrospinning com enxofre como cátodo e fibras baseadas em electrospinning como separador para sondar os parâmetros cruciais que dominam o WG e o Wv nas baterias Li-S. Com este modelo, propomos que WG e WV podem ser derivados pela equação de:

$$E_G=(U\cdot C)/(\Sigma mi) \qquad (1)$$

em que U é a tensão média da célula de 2,1 V para as baterias de Li-S, C é a capacidade areal do cátodo (mAh-cm'[2]), mi é a massa por unidade quadrada de vários componentes da célula (mg-cm'[2]), incluindo um cátodo, um ânodo, um separador e um eletrólito.

$$E_V=(U\cdot C)/(\Sigma di) \qquad (2)$$

em que U é a tensão média da célula de 2,1 V para as baterias de Li-S, C é a capacidade de área do cátodo (mAh-cm'[2]), di é a espessura de vários componentes da bateria (μm) contendo um cátodo, um ânodo e um separador. É de notar que todos os parâmetros da equação estão em condições ideais: 1) não há expansão de volume das baterias no processo de carga e descarga; 2) os electrólitos não ocupam volume extra e são

acomodados nos poros do elétrodo e do separador; 3) não se preocupam com as reacções secundárias nas baterias.

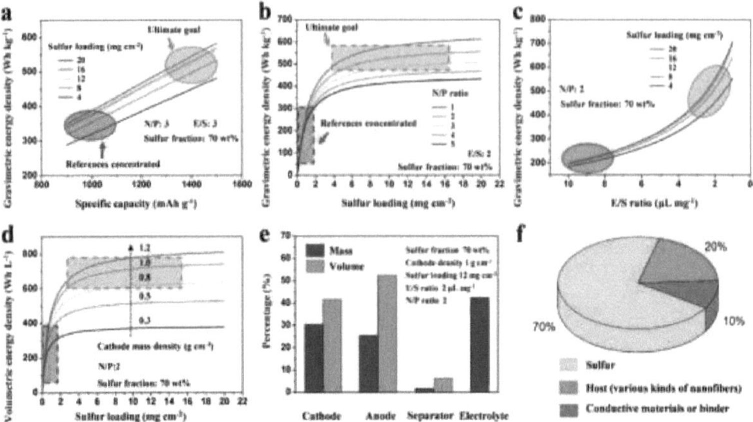

FIGURA 7. Parâmetros-chave de WG e Wv dominantes da bateria de Li-S: a) Dependência de WG na capacidade específica com diferentes cargas de enxofre na área, b) Dependência de WG na relação N/P com diferentes cargas de enxofre na área, c) Dependência de WG na relação E/S com diferentes cargas de enxofre na área, d) Dependência de Wv da carga de enxofre e da densidade do cátodo, e) Volume e fração de massa de cada componente em baterias completas de Li-S, f) Esquema de um componente do cátodo de enxofre composto por enxofre, hospedeiro (vários tipos de nanofibras) e agente condutor ou aglutinante. A área circulada a vermelho é onde se concentra a maioria das referências, o que significa que o WG e o Wv das baterias de Li-S da maioria dos trabalhos relatados são inferiores a 350 Wh-kg^{-1}e 400 Wh-L^{-1}, respetivamente. A área circulada a azul é o objetivo final da maioria dos trabalhos de investigação, que consiste em atingir uma densidade de energia elevada de 500 Wh-kg^{-1}e 700 Wh-L^{-1} para as baterias de Li-S.

Considerando a importância da capacidade específica com alta carga de enxofre numa bateria, avaliamos primeiro a influência da capacidade específica em diferentes cargas de enxofre para WG. COMO mostrado na Figura 7a, o WG tem uma relação linear com a capacidade específica e tende a aumentar com o aumento da carga de enxofre. O WG aumenta rapidamente com o aumento da carga de enxofre inferior a 12 mg-cm^{-2}, mas aumenta lentamente quando a carga de enxofre é superior a 12 mg-cm^{-2}. Este fenómeno significa que o aumento da carga de enxofre não pode aumentar continuamente o WG. O WG calculado baseia-se nos parâmetros presumidos da relação N/P = 3, relação E/S = 3, e a fração de enxofre no cátodo é de 70% nesta equação. A correlação de WG com a razão N/P em diferentes cargas de enxofre é mostrada na Figura 7b. Em condições ideais, o lítio e o enxofre devem possuir a capacidade perfeitamente consistente (relação N/P = 1) nas baterias. No entanto, a elevada reatividade do lítio aos electrólitos orgânicos fará com que o consumo irreversível de lítio forme o instável SEI, o que significa que a relação N/P é inevitavelmente superior a 1. A partir da equação, sabemos que uma relação N/P elevada diminui significativamente o WG. Por conseguinte, a quantidade de lítio utilizada deve ser controlada na bateria e deve ser inferior a 3 para garantir um elevado WG. Nesta equação, o WG calculado com base nos parâmetros presumidos da relação E/S = 2, a capacidade específica de 1200 mAh-g'[1], e a fração de enxofre no cátodo de 70%.

4.2.A influência do rácio E/S nas baterias WGin Li-S

Para além da carga de enxofre, do rácio N/P e da capacidade específica, o rácio E/S é outro parâmetro crucial para as baterias Li-S de elevado PESO MOLECULAR. O excesso de injecções de electrólitos não só dá origem a algumas reacções laterais com o lítio, como também aumenta a massa das baterias, resultando na diminuição do WG. Por conseguinte, é estabelecido um pressuposto com base na equação (1) para avaliar o efeito da relação E/S em WG, como se mostra na Figura 7c. Neste pressuposto, a MASSA volúmica calculada baseia-se nos parâmetros presumidos da relação N/P = 2, na capacidade específica de 1200 mAh-g'[1] e na fração de enxofre no cátodo de 70%. O WG diminui intensamente com a quantidade de eletrólito, o que significa a inevitabilidade de diminuir a relação E/S nas baterias Li-S. Entretanto, verificou-se o mesmo fenómeno: o WG aumenta rapidamente com o aumento da carga de enxofre inferior a 12 mg-cm'[2], mas aumenta lentamente quando a carga de enxofre é superior a 12 mg-cm'[2]. Estas suposições revelam que não é possível obter um WG elevado apenas com uma carga elevada de enxofre nas baterias e que outros parâmetros, como a relação E/S e a relação N/P, devem ser optimizados.

4.3.A influência de parâmetros-chave no WV em baterias de Li-S

WG significa a quantidade máxima de fornecimento de energia numa massa limitada de uma bateria, e
Wv significa a quantidade máxima de energia fornecida num espaço limitado. Por conseguinte, tal como o WG, o Wv é um índice importante para avaliar o desempenho eletroquímico de uma bateria.

Para melhor determinar o volume da bateria, deve ser considerada a densidade de massa do cátodo e assumir que o ânodo de lítio não tem poros. Aqui, a densidade de massa representa a razão entre a massa do cátodo e o volume aparente, e pode ser calculada pela equação (3):

$$\rho = \frac{m_a}{v_e} = \frac{\sum m_i}{v_e} = \frac{\sum w_i \rho_i}{v_e} \qquad (3)$$

em que m_a representa a massa do cátodo (mg), concluindo enxofre, hospedeiro, agente condutor ou aglutinante, mi, wi e pi representam a massa (mg), a fração mássica (wt%) e a densidade real (g-cm'[3]) do componente individual do cátodo, respetivamente. v_e representa o volume aparente do cátodo (cm'^{3}). A partir desta equação, podemos deduzir que o volume do cátodo é inversamente proporcional à densidade de massa, o que significa que uma densidade de massa elevada do cátodo pode aumentar o Wv de uma bateria. Como se mostra na Figura 7d, é estabelecido um modelo com base na equação (3) para avaliar o efeito da densidade de massa do cátodo no Wv, o que confirma a importância da densidade do cátodo numa bateria e prova que o hospedeiro ou agente condutor deve possuir uma densidade de massa elevada do que o enxofre. Como se mostra na Figura 7e, a massa e a percentagem volumétrica do cátodo e do eletrólito numa célula com uma densidade de energia elevada de 500 Wh-kg'^{1} e 700-Wh L'^{1} assumiram a maior parte, sugerindo o seu papel crítico na dominação de Wv e WG nas baterias de Li-S.

A Tabela 2 mostra os parâmetros-chave para atingir uma densidade de energia superior a 500 Wh-kg'^{1} e 700 Wh-L'^{1}, que inclui uma carga de enxofre de pelo menos 8 mg-cm'^{2}, uma densidade de cátodo elevada de 1.2 mg-cm'^{3}, bem como a baixa relação E/S de 2 e a baixa relação N/P de 2. Mais importante ainda, uma maior densidade de energia de 550 Wh-kg'^{1} e 750 Wh-L'^{1} poderia ser alcançada com a alta carga de enxofre de 12 mg-cm'^{2} e alta densidade de cátodo de 1,2 mg-cm'^{3}. Entretanto, estes resultados sugerem que a carga de enxofre não é o único parâmetro no controlo da densidade de energia, o que significa que o aumento da carga de enxofre não pode aumentar continuamente o WG. Em conclusão, a técnica de electrospinning utilizada nas baterias de Li-S pode ser uma estratégia eficaz para obter baterias de elevada densidade energética, e a densidade do cátodo e a dosagem do eletrólito são os parâmetros críticos no Wv e no WG, que devem ser tidos em conta na futura conceção das baterias de Li-S.

Tabela 2. Densidades de energia representativas em vários parâmetros para a bateria Li-S.

Carga de enxofre (mg-cm^{-2})	**Rácio E/S (μE-rng^{-1})**	**Rácio N/P**	**Densidade do cátodo (g-cm^{-3})**	WG **(Wh-kg^{-1})**	**Wv (Wh-L^{-1})**
4	3	2	0.5	350	450
4	2	3	0.8	400	520
8	3	2	0.5	420	450
8	2	2	0.8	500	560
8	2	2	1.2	500	700
12	2	2	1.0	550	700
12	2	2	1.2	550	750

5 .DESENVOLVIMENTO RECENTE DA TECNOLOGIA DE ELECTROSPINNING NANOFIBRAS EM BATERIAS DE Li-S

5.1.Cátodo

Como parte crucial das baterias de Li-S, o cátodo tem sido amplamente investigado e relatado nos últimos 10 anos. Com os grandes esforços de investigadores de todo o mundo, foram alcançados conhecimentos mais profundos e estratégias mais eficazes para melhorar a condutividade do enxofre e do L12S. Para os cátodos não condutores de enxofre, as fibras baseadas em electrospinning com uma rede condutora 3D seriam um aditivo adequado. O "efeito de vaivém" dos polissulfuretos tem sido considerado como o problema mais notório para os cátodos de enxofre, um trabalho enorme indica que a forte adsorção e o catalisador eficiente de aditivos polares para os polissulfuretos intermédios podem efetivamente aliviar o "efeito de vaivém". Através de uma tecnologia de electrospinning modificada ou de uma modificação adicional da nanofibra baseada em electrospinning, podem ser fabricadas nanohíbridas fibrosas multifuncionais com aditivos polares e nanopartículas catalíticas uniformemente distribuídas. A estrutura de rede 3D das nanohíbridas fibrosas pode melhorar o contacto entre o aditivo polar ou catalítico e o enxofre ativo, melhorando assim a eficiência na adsorção e catalisação de polissulfuretos. Para além disso, o esqueleto da nanofibra é suficientemente resistente em termos de força mecânica para manter a estabilidade estrutural através do processo de carga-descarga, o que é essencial para um ciclo de vida longo.

5.1.1. Nanofibras de carbono não dopadas

As nanofibras de carbono (CNF) podem ser obtidas por carbonização das nanofibras de polímero preparadas para electrospinning (polivinilpirrolidona (PVP), poliacrilonitrilo (PAN), óxido de polietileno (PEO), etc.). Em comparação com os anteriores materiais de suporte de carbono zerodimensionais (esfera de carbono, negro de carbono), as CNFs de electrospinning têm uma estrutura de fibra unidimensional ultra-longa e este caminho de condução contínua do eletrão pode reduzir a resistência de contacto nos cátodos.[64] Com a melhoria da tecnologia de electrospinning, as actuais CNFs de electrospinning têm sempre excelentes propriedades mecânicas, o que é essencial para sustentar as alterações de volume no cátodo durante o processo de carga-descarga. Além disso, os CNFs electrospinning entrelaçam-se aleatoriamente numa arquitetura de rede tridimensional (3D), que pode efetivamente restringir a aglomeração de polissulfuretos ou enxofre, aumentando assim a utilização de substâncias activas. Nos primeiros trabalhos da equipa de investigação de Zhang, foi fabricado um cátodo de nanocompósito CNF-S poroso com base em electrospinning.[23] A elevada condutividade e a área de superfície dos CNF permitiram a dispersão homogénea e

a imobilização de espécies de enxofre nos substratos de CNF, proporcionando uma elevada capacidade específica de 1400 mAh-g$^{'1}$ a 0,05 C.
Além disso, a estrutura entrelaçada cruzada das CNFs demonstrou ter vantagens na deposição de materiais activos e na retenção de polissulfuretos viscosos pela equipa de investigação de Lee.[32] No seu trabalho, foi fabricada uma membrana de CNFs autónoma através da carbonização da PAN de electrospinning sob azoto. Depois de ser imersa numa pasta contendo enxofre, este é facilmente carregado na matriz de CNFs, o que indica uma boa compatibilidade. Tirando partido da condutividade ultra-alta da fibra única e do excelente confinamento físico das espécies de enxofre, o cátodo de CNFs independente com uma elevada carga de enxofre de 10,5 mg-cm$^{'2}$ manteve uma elevada eficiência coulombiana e apresentou uma excelente taxa de retenção de capacidade de 90,3% em 100 ciclos. Entretanto, foi obtida uma elevada capacidade de área superior a 7 mAh-cm$^{'2}$, mostrando uma perspetiva prática.
Normalmente, as películas de CNFs por electrospinning são compostas por numerosas nanofibras entrelaçadas com mesoporos consideráveis. No entanto, a nanofibra única nas películas de CNFs é composta por materiais de carbono, o que leva a uma baixa área de superfície específica. A construção de uma arquitetura hierárquica de poros no substrato de nanofibras tem sido considerada uma forma eficiente de melhorar o local capaz de suportar polissulfureto devido ao aumento da área de superfície da matriz de CNFs. Nos últimos anos, muitos investigadores desenvolveram muitas metodologias eficazes para a preparação de materiais de nanofibras de carbono porosas, incluindo o método de modelo, a separação multifásica e a introdução in situ de materiais nano-hollow, que podem facilmente melhorar o substrato de carbono das nanofibras e introduzir mesoporos hierárquicos. As CNF com uma estrutura porosa não só têm uma excelente condutividade, como também permitem o acesso rápido de iões de lítio e moléculas de polissulfureto, especialmente aplicáveis ao sistema de baterias Li-S. Ding et al.[34] desenvolveram uma nova nanotecnologia que combina electrospinning de reticulação química e o método de separação de duas fases, como se mostra na Figura 8a. Após o tratamento térmico planeado na atmosfera de N2, os átomos B-, F- e N- apareceram nos PCNFs sem qualquer processo de infiltração de dopantes, exceto as reacções internas entre N2, ácido bórico (BA) e poli (tetrafluoroetileno) (PTFE) durante a pirólise a alta temperatura.

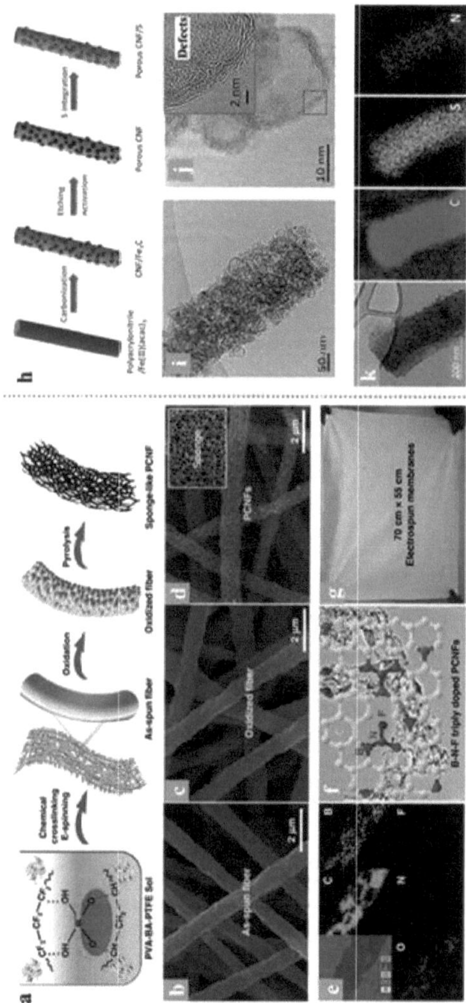

FIGURA 8. a) Uma imagem geral do uso do método de electrospinning de reticulação química para sintetizar PCNFs. b-d) Imagens SEM das fibras as-spun, das fibras oxidadas e dos PCNFs, e) Espectro de mapeamento EDS de PCNFs, f) O modelo químico proposto de PCNFs dopados com B-N-F, g) Uma foto digital do filme as-spun com um tamanho de 70 cm χ 55 cm. Reproduzido com permissão.[34] Copyright 2019, Springer Nature, h) Ilustração esquemática da síntese de compósitos porosos CNF/S: CNF/FcA' contendo camada de carbono grafítico após carbonização; CNF poroso após condicionamento de FcA' e ativação química; CNF/S poroso por infiltração de enxofre, i, j) Imagens TEM e HRTEM de

PCNF/A550. κ) Imagens TEM e correspondentes mapas elementares EDS da fibra PCNF/A550/S. Reproduzido com permissão.[66] Copyright

As CNFs porosas (PCNFs) fabricadas desta forma apresentam uma excelente condutividade, grandes volumes de poros, elevada flexibilidade e integridade em grande escala (Figura 8b-g). Quando utilizadas como estruturas em cátodos de enxofre, estas PCNFs apresentam um excelente desempenho: a capacidade elevada foi de 1380 mAh-g'[1], e a capacidade de descarga diminuiu para 1000 mAh-g'[1] após 300 ciclos (taxa de retenção de 72,5%), sugerindo que a estrutura única destas PCNFs pode ser competente para maximizar tanto a carga de enxofre como a difusão de iões e a condução eletrónica. Normalmente, a via de síntese mais popular para a electrospinning de PCNFs é a introdução e gravação de nano-modelos nas nanofibras.[65] O tamanho e o conteúdo das nanopartículas como modelos são os principais pontos de controlo do processo de preparação, que afectarão tanto a área de superfície específica como a distribuição dos poros das PCNFs sintetizadas. A equipa de investigação de Kim fabricou PCNFs com as partículas catalíticas de FesC como modelos e explorou as funções e os papéis dos microporos e mesoporos na melhoria dos problemas teimosos das baterias de Li-S, como a expansão do volume e o "efeito de vaivém".[66] Como se mostra na Figura 8h-k, o efeito catalítico das partículas de FesC facilita a geração de camadas de carbono grafítico no procedimento a baixa temperatura e deixa numerosos poros na matriz de nanofibras de carbono quando a gravação de I'evC. Através da medição avançada de TEM in-situ no processo de litiação do cátodo, verificou-se que os cátodos PCNFs/S com diferentes estruturas porosas apresentam diferenças significativas na expansão do volume. Este fenómeno indica que a distribuição do tamanho dos poros da estrutura porosa nos cátodos de PCNFs/S influenciaria a capacidade de evitar que os produtos de litiação transbordassem. Como resultado, o PCNF/A550 ideal, com um grande volume de poros e abundantes microporos, proporcionou uma elevada capacidade de 945 mAh-g'[1] a 1C, com uma excelente estabilidade do ciclo e um desempenho de alta velocidade. Para a preparação de esferas ocas 0 D no interior de CNFs electrospinning, a seleção de modelos com morfologia esférica produzidos in situ a partir dos precursores no interior das nanofibras electrospinning durante a calcinação seria uma escolha viável. Por exemplo, Wu et al.[28] desenvolveram um novo método que utiliza as nanoesferas de Ni como modelos rígidos, que foram transformados a partir da introdução in situ de

Ni(Ac)2, para sintetizar PCNFs com esferas ocas de carbono grafitizado após a remoção das nanoesferas catalíticas de Ni. Além disso, a adição direta de nanopartículas esféricas à solução de electrospinning seria também uma abordagem. Como modelo de sacrifício mais popular, a nanoesfera S1O2 pode ser introduzida nas CNFs de electrospinning e servir de porogénio para produzir PCNFs. Combinando o sacrifício do modelo S1O2 e a ativação de KOH com a tecnologia de electrospinning,

Yang et al.[67] sintetizaram CNFs porosas 3D flexíveis com estruturas porosas hierárquicas. Após um processo de fusão-difusão, o enxofre pode mergulhar facilmente nos poros dos PCNFs e construir um cátodo sem aglutinante. A rede de CNFs condutoras interligadas em 3D no cátodo proporciona múltiplos caminhos de transporte para electrões e Li^+ , e a estrutura hierarquicamente porosa proporciona uma maior superfície específica e volume de poros, bem como a função essencial de reservar alternativamente o polissulfureto. Como resultado, este elétrodo compósito apresentou uma excelente capacidade de descarga de 1422,6 mAh- g'^{1} a 0,2 C com um elevado teor de enxofre de 76 wt%, uma excelente densidade de energia de 754 Wh-kg'^{1} e uma densidade de potência de 1901 Wh-kg'^{1}, que excedeu largamente a densidade de energia/potência das baterias de Li-S anteriormente relatadas.

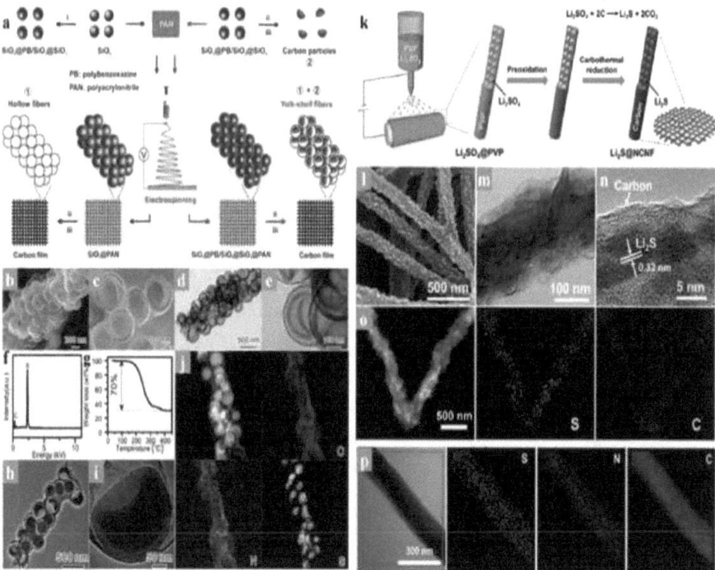

FIGURA 9. a) Ilustração esquemática da estratégia de electrospinning templada para o fabrico da rede de fibras de carbono em forma de gema, b, c) Imagens SEM das fibras BCN@HCS, d, e) Imagens TEM das

fibras BCN@HCS, f) Espectro EDX, g) Curva TGA, h, i) Imagens TEM, ej) Imagem STEM e mapeamento elementar correspondente. Reproduzido com permissão.[68] k) Ilustração esquemática da produção de eléctrodos de papel Li2S@NCNF flexíveis independentes via redução carbotérmica protegida por Ar de tecidos Li2SO4@PVP feitos por electrospinning em condições ambientais. l) Imagem FESEM do papelLi2S@NCNF, m) Imagem TEM de uma fibra Li2S@NCNF, n) Imagem HRTEM mostrando a decoração de nanopartículas L12S monocristalinas em nanofibras de carbono com estrutura desordenada, o) mapeamento elementar visualizando a distribuição uniforme de elementos de enxofre e carbono em Li2S@NCNF, p) imagem TEM e mapeamento elementar correspondente mostrando a distribuição uniforme de elementos de enxofre, nitrogênio e carbono no eletrodo Li2S@NCNF após 200 ciclos. Reproduzido com permissão.[71] Copyright 2017, Wiley-VCH.

Na conceção e construção de PCNFs para os cátodos do sistema de baterias Li-S, devemos ter em grande consideração que o tamanho dos poros à volta da parede exterior das CNFs deve ser minimizado para evitar a difusão exterior de polissulfuretos. No entanto, ainda é tecnicamente imaturo conseguir uma estrutura porosa hierárquica uniformemente selectiva numa membrana de CNFs autónoma à escala macro. Em vez disso, a introdução de materiais nano-cavados com conchas inerentes no substrato de carbono poderia construir eficazmente um espaço oco fechado nas CNFs. Lin et al.[68] desenvolveram uma técnica simples de electrospinning para fabricar a rede de fibras montada de nanoesferas de carbono com casca de gema interligadas para preparar cátodos de enxofre auto-suportados, como se mostra na Figura 9a-j. As CNFs com várias nanoesferas de casca de gema montadas não só herdaram as vantagens da estrutura de casca de gema, que poderia alcançar um encapsulamento perfeito de enxofre ativo e polissulfuretos, mas também mantiveram a rede altamente condutora e o esqueleto autónomo da membrana de CNFs electrospinning. Com a estrutura particular de casca de gema e redes condutoras interligadas, o cátodo de CNFs de casca de gema independente com um alto teor de enxofre de 70wt% e carga de 4 mg-cm^{-2} alcançou uma alta capacidade de descarga de 1083 mAh-g^{-1}, excelente capacidade de taxa de 562 mAh-g^{-1} a 4C, e excelente estabilidade de ciclo. Além disso, foi alcançada uma carga de enxofre de 16 mg-cm^{-2} e exibiu uma capacidade de área superior de 15,5 mAh-cm^{-2} com uma elevada utilização de enxofre de 57,8%.

Recentemente, a fase de litiação completa do enxofre, L12S, tem sido utilizada como material ativo nas baterias de Li-S devido à sua elevada capacidade de 1166 mAh-g^{-1} e à sua estabilidade estrutural única.[69] A fase L12S ocupa o volume máximo na reação eletroquímica em várias etapas no sistema de baterias de Li-S, evitando assim fundamentalmente os danos estruturais causados pela expansão do volume. Para além disso, os problemas de segurança induzidos pelo crescimento dendrítico do lítio podem ser grandemente resolvidos, uma vez que os ânodos sem lítio são o cátodo aplicado do L12S. Em 2014, Cui realizou um trabalho pioneiro que encapsulou com sucesso o L12S no dissulfureto de titânio em camadas 2D, que oferecia uma elevada condutividade e afinidade para os polissulfuretos.[70] Os cátodos nanocompósitos preparados exibiram uma estabilidade de ciclo melhorada nas baterias de Li-S, indicando a praticabilidade desta estratégia de encapsulamento. Para além da estrutura 2D em camadas, a estrutura hierárquica de carbono também pode ser competente para encapsular o L12S. Tendo em conta a elevada condutividade e a caraterística autónoma das CNF electrospinning, o encapsulamento do L12S na matriz de carbono das CNF parece ser uma estratégia intrigante. A equipa de investigação de Qiu experimentou esta estratégia e conseguiu sintetizar eléctrodos de papel flexíveis à base de L12S com uma carga ultra-alta de L12S.[71] Como se mostra na Figura 9k, o L12S /NCNF foi fabricado através da fácil carbonização do precursor de polivinilpirrolidona (PVP)/Li2SO4 de electrospinning, em que o PVP serviu de fonte de carbono e o L12SO4 foi reduzido in situ na fonte de material ativo (L12S) pela matriz de carbono. A estrutura única com nanopartículas ultrafinas de L12S encapsuladas nas CNFs mostra uma boa adesão entre o L12S e o substrato de carbono. Isto dá origem a um poderoso circuito integrado eletroquímico, que conduz à separação espacial das partículas de material ativo, mas interligadas eletricamente, o que pode melhorar a uniformidade do elétrodo com menor comprometimento da condutividade nas fibras de carbono (Figura 91-p). Por conseguinte, este cátodo Li2S@NCNF autónomo com uma carga L12S de 3,0 mg-cm$^{'2}$ apresenta uma elevada capacidade de 730 a 460 mAh-g$^{'1}$ com uma taxa de corrente crescente de 0,2 a 2,0C, bem como um desempenho duradouro em ciclos. Além disso, este cátodo Li2S@NCNF independente pode ser empilhado camada a camada para obter uma carga elevada de L12S de 9,0 mg-cm$^{'2}$ com uma elevada capacidade de área de 5,76 mAh- cm$^{'2}$, e o cátodo empilhado continua a apresentar uma boa retenção de capacidade mesmo com uma elevada densidade de corrente de 1,0 C.

5.1.2. Nanofibras de carbono compostas

Embora a conceção estrutural das nanofibras de carbono de electrospinning tenha melhorado a capacidade de bloqueio físico dos LiPSs, a obstrução física dos LiPSs não é eficaz para restringir o efeito de vaivém devido ao facto de a superfície não polar do material de carbono não modificado apresentar fracas capacidades de adsorção e catalíticas para os polissulfuretos.[72] A adsorção química de alguns metais de transição aos LiPSs poderia suprimir eficazmente o efeito de vaivém devido à forte ligação química entre eles, o que poderia facilitar ainda mais a distribuição uniforme das espécies de enxofre nos materiais carbonosos, permitindo assim um forte contacto elétrico no cátodo. Os catalisadores, tais como óxidos, nitretos, sulfuretos e átomos heteroestruturados, podem melhorar a cinética da reação redox e diminuir a quantidade de acumulação de LiPSs na superfície dos cátodos, o que é benéfico para atenuar o efeito de vaivém. Felizmente, a electrospinning é uma tecnologia diversificada que pode ser viável para modificar a solução precursora como a adição de iões metálicos e compostos, introduzindo assim aditivos adsorventes e catalíticos adequados. Além disso, os iões metálicos e os aditivos compostos introduzidos nas nanofibras baseadas em electrospinning sofrerão uma mudança de fase e redistribuição durante os tratamentos térmicos subsequentes, o que poderá formar uma nanoestrutura maravilhosa e promover a função principal de adsorção e catalítica dos aditivos polares em as baterias Li-S.

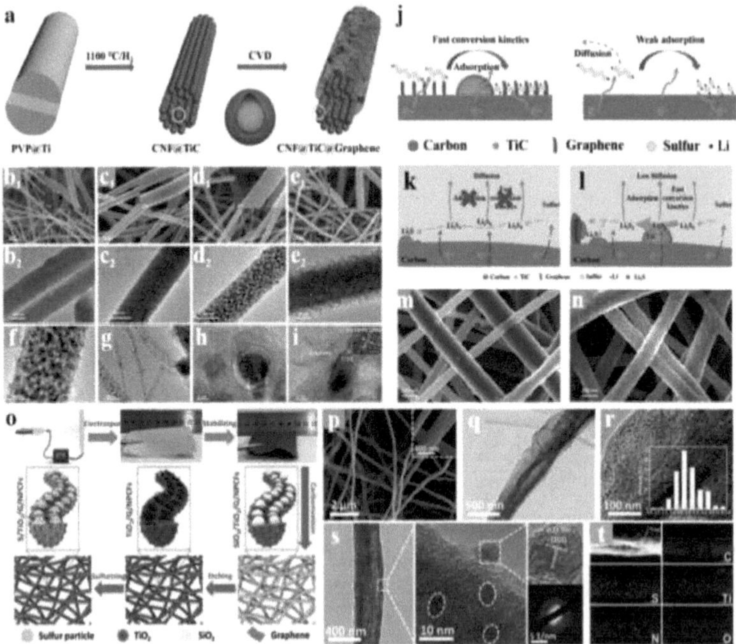

FIGURA 9. a) Ilustração esquemática do processo de fabrico do compósito CFTG$'^{1}$ estruturado com várias gemas/cascas. Imagens SEM e TEM dos compósitos CF b), CFT c), CFTG$'^{1}$ d, f-i) e e) CFTG$'^{2}$ obtidos]) Ilustração esquemática da nucleação e crescimento do Lì2S na superfície do compósito CFTG^{-1} (esquerda) e na superfície do carbono (direita). Ilustração esquemática da reação redox do LiPS e da nucleação do Lì2S

nos substratos k) CF e 1) CFTG'[1]. Imagens SEM dos cátodos m) CF/S e n) CFTG'VS nos estados descarregados com uma carga de enxofre del,2 mg- cm'[2] a 0,1 C. Reproduzido com permissão.[74] Copyright 2020, Elsevier, o) Ilustração esquemática do processo de fabrico do compósito S/TÌO2/G/NPCFS, p) SEM e q, r) TEM imagens de T1O2/G/NPCFS (inset é o diagrama de colunas da distribuição de tamanho das partículas de T1O2), s) TEM e imagens SAED de S/T1O2/G/NPCFS. t) Mapeamento elementar de S/T1O2/G/NPCFS. Reproduzido com permissão.[75]Copyright 2017, Elsevier.

Muitos óxidos de metais de transição (tais como VO2, MпOг, T1O2, etc.) foram adoptados nas baterias de Li-S devido à forte capacidade de adsorção aos LiPSs, o que poderia suprimir o efeito de vaivém.[73] No entanto, a fraca condutividade dos óxidos de metais de transição limita o seu desempenho eletroquímico no cátodo de enxofre devido à cinética de reação lenta inerente às baterias de Li-S. Por conseguinte, a combinação com as CNFs de electrospinning altamente condutoras seria uma estratégia promissora para facilitar a aplicação dos materiais polares não condutores mas de forte adsorção no cátodo das baterias de Li-S. Os nossos grupos envidaram alguns esforços para fabricar CNF electrospinning com nanoestruturas e componentes modificados para melhorar ainda mais os cátodos das baterias de Li-S. Zhang et al.[74] relataram um novo compósito híbrido carbonoso com grafeno vertical crescido em nanofibras TiC@C estruturadas em várias gemas/cascas que servem como hospedeiro de enxofre, permitindo um melhor desempenho eletroquímico. A estrutura surpreendente deste compósito à base de nanofibras é mostrada na Figura 10a-n, integrando caraterísticas sinérgicas de volume adequado, melhor adsorção, electrocatálise altamente ativa e elevada condutividade, proporcionando assim uma estabilidade de ciclo excecional, mesmo com uma carga elevada de enxofre. Song et al[75] transformaram o TEOS, o TTIP e o GO em nanofibras de PAN e prepararam NPCFs flexíveis únicas misturadas com nanopartículas polares ultrafinas de T1O2 após carbonização e gravação de modelos. Esta película T1O2/G/NPCFS com excelente resistência mecânica poderia servir como um hospedeiro de enxofre independente em células flexíveis de Li-S. Como mostrado na Figura 10o-t, a delicada construção do compósito T1O2/G/NPCFS não só integrou a excelente condutividade de uma matriz de carbono e a forte capacidade de absorção química de óxidos de metais polares, mas também manteve a flexibilidade do filme. Após a sulfuração, o cátodo S/T1O2/G/NPCFS fabricado apresentou um desempenho fortemente melhorado.

Em comparação com a introdução de grafeno através da redução térmica do óxido de grafeno fiado nas nanofibras, os métodos CVD que utilizam diretamente a película de CNFs como substrato podem alcançar as arquitecturas hierárquicas de grafeno de alta qualidade que crescem verticalmente na matriz de CNFs. Embora o grafeno de alta qualidade seja um condutor ideal para o transporte de iões e electrões, a falta de defeitos limita a sua afinidade com o enxofre e a capacidade de adsorção de LiPS. Para conseguir a ligação estreita entre o enxofre e as CNFs modificadas com grafeno vertical de alta qualidade e melhorar a adsorção de LiPSs, o nosso grupo tentou muito e apresentou um método eficaz para incorporar uma grande quantidade de enxofre com flocos de grafeno vertical com base na tecnologia de moagem de bolas.[76] Como se mostra na Figura lla-j, o enxofre pode ser bem combinado com o grafeno vertical, mesmo ao nível atómico, o que beneficia do efeito de liga durante o procedimento de moagem de bolas. Além disso, as ligações carbono-enxofre formadas a partir do efeito de liga mecânica também poderiam dotar o compósito de uma função extra de ancoragem LiPS baseada na adsorção química. No cátodo preparado de CNFs/G/S moído com bolas, a fraqueza do hospedeiro de enxofre à base de carbono não polar na ancoragem de LiPSs foi compensada pela excelente capacidade de absorção das ligações carbono-enxofre introduzidas, exibindo assim um melhor desempenho de ciclo e taxa da bateria.

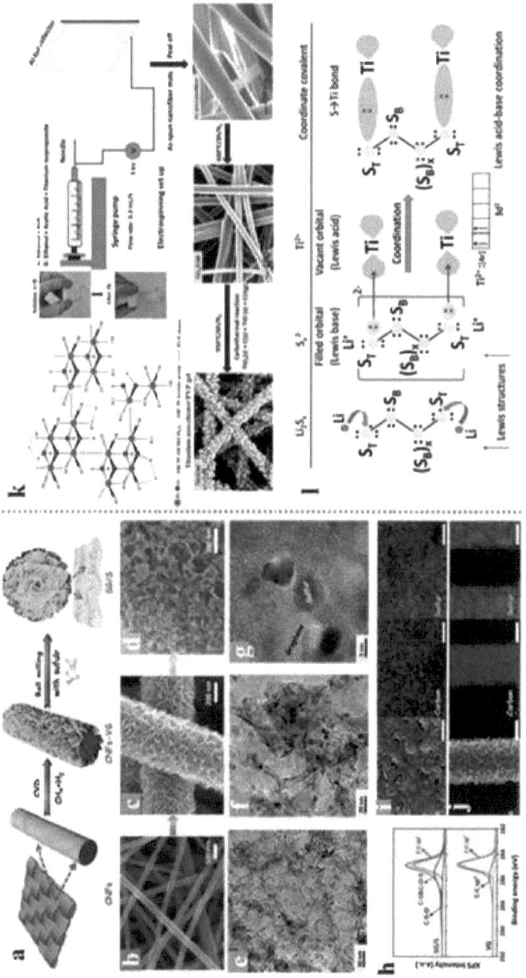

FIGURA 11. a) Diagrama esquemático mostrando o processo de fabricação dos compósitos SG/S e imagens de MEV para b) CNFs, c) VG sobre CNFs, e d) SG/S. e, f) TEM e g) imagens HRTEM de SG/S. h) Espectros XPS C Is de VG em CNFs e SG / S. i) Mapeamento EDX do compósito SG / S após 155 ° C por 12 h. j) Mapeamento EDX da mistura de VG em CNFs e enxofre após 155 ° C por 12 h. Barras de escala: 200 nm para i, j). Reproduzido com permissão.[76]Copyright 2020, Elsevier, k) Estratégia de síntese para desenvolver tapetes de nanofibras TiO/CNF autónomos. 1) Um esquema que explica a formação da ligação Ti-S através da coordenação entre centros de Ti insaturados (ácido de Lewis) e S terminal (S_T) de S_x^{2-} (polissulfuretos). Reproduzido com permissão.[77] Copyright 2018, American Chemical Society.

Singh et al.[77] apresentaram um cátodo TiO/CNF-S autónomo e propuseram novos efeitos de ancoragem química aos LiPSs através de fortes interações ácido-base de Lewis entre o enxofre terminal (ST) dos polissulfuretos de lítio (Sx^{2-}) e os centros Ti insaturados nas nanofibras de TiO. A Figura 1 mostra a síntese dos tapetes de nanofibras TiO/CNF e a formação de ligações Ti-S com base nas interações ácido-Lewis. Este trabalho foi pioneiro na interação química entre ácido e base de Lewis nos cátodos de enxofre: os LiPSs podem possuir simultaneamente interações do tipo polar-polar (Li^+ -O-Ti) e ácido-base de Lewis (STerminal-Ti-O) com ligações Ti-0. A incorporação de uma forte estrutura 3D, elevada condutividade eléctrica, grande área de superfície e interações ácido-base de Lewis únicas e robustas de TiO com LiPSs conduziu a uma elevada capacidade de descarga reversível e a uma estabilidade de ciclo fortemente melhorada para cátodos TiO/CNF-S com elevada carga de enxofre. O composto metálico polar dopado nas nanofibras baseadas em electrospinning não só estimula eficazmente a ancoragem química ao LiPS dissociativo, como também fornece novas ideias para facilitar a conceção da estrutura dos compósitos à base de nanofibras. Zhen relatou um maravilhoso nanocompósito com nanoesferas ocas de TiO embaladas nas nanofibras de carbono electrospinning e construídas numa estrutura de "cacho de uvas". As nanoesferas de TiO dispostas de forma compacta desempenharam um papel importante na manutenção de enxofre suficiente e na limitação da perda de LiPS para o eletrólito orgânico, enquanto o esqueleto de carbono desempenhou os papéis de ligação e condução. O design estrutural requintado permitiu uma alta capacidade específica de enxofre em várias densidades de corrente, mesmo com um alto teor de 73% em peso no cátodo composto GC-TiO@CHF/S. Entretanto, também foi possível obter uma estabilidade superior ao longo de 400 ciclos com uma carga elevada de enxofre de 5,0 mg-cm'^{2}. Recentemente, Zhou et al.[78] relataram uma estratégia semelhante de electrospinning com modelo e construíram um compósito de rede condutora 3D (CNB-TiC@CNF) com uma nova estrutura de "caixas em fibras". Os nanocubos cúbicos de PerO3 serviram de modelo e desempenharam um papel fundamental na construção de nano-caixas de carbono ocas isoladas ao longo das nanofibras. Combinado com a rede 3D inerente de alta condutividade, a capacidade de carga de enxofre ultra-alta das nano-caixas de carbono oco e a função de adsorção e catalítica das nanopartículas metálicas de TiC, este elétrodo CNB-TiC@CNF revelou um excelente desempenho para a implementação prática. Em particular, o cátodo CNB-TiC@CNF atingiu um ciclo longo de 400 ciclos com uma taxa de decaimento de 0,15% mesmo a uma taxa maravilhosa de 10 C. Através de uma série de processamentos subsequentes das nanofibras baseadas em electrospinning, os investigadores descobriram uma estratégia fiável de encapsulamento de enxofre baseada no espaço de passagem ao longo das nanofibras de carbono.

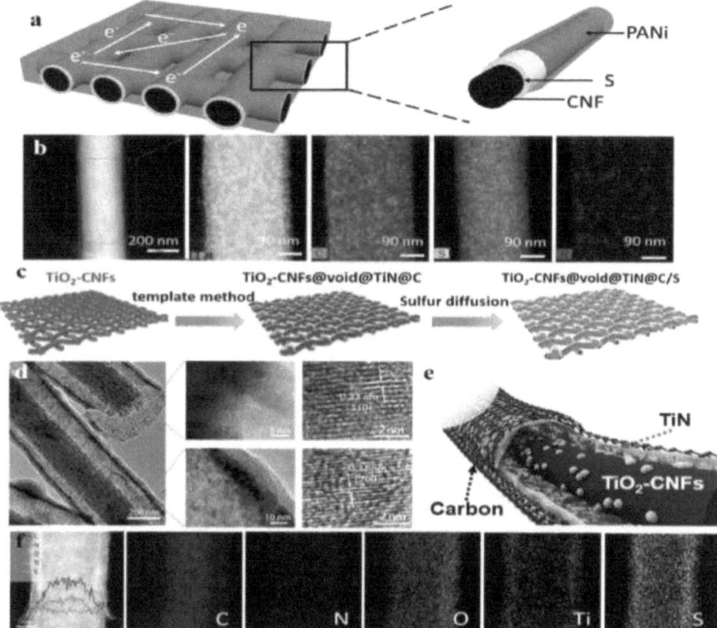

FIGURA 12. a) Ilustração esquemática da configuração do elétrodo CNF/S/PANi, b) Imagem STEM de uma única
CNF/S/PANi e correspondentes mapeamentos elementares dos elementos C, S e N, revelando a distribuição uniforme
revelando a distribuição uniforme de S e PANi. Reproduzido com permissão.[79] Copyright 2018, Wiley-VCH. c) Esquema
ilustração do processo de síntese do cátodo TiO2-CNFs@void@TiN@C/S, d) Imagens TEM e HRTEM de TiO2-CNFs@void@TiN@C. e) Ilustração esquemática da estrutura oca coaxial multicamadas de TiO2-CNFs@void@TiN@C. f) Imagem TEM, distribuições elementares lineares e distribuições elementares de área
para C, N, O, Ti e S, de TiO2-CNFs@void@TiN@C/S. Reproduzido com permissão.[80] Copyright 2020, Elsevier.

Por exemplo, Zhu et al.[(79) colocaram] o monómero de anilina num cátodo típico de CNF/S e polimerizaram-no in situ para realizar um revestimento em grande escala do enxofre ativo. A Figura 12a, b mostra o esquema de configuração e a nanoestrutura deste elétrodo preparado (PANi)/S/CNFs (CNF), respetivamente. Em comparação com os cátodos CNF/S tradicionais, este elétrodo tridimensional (3D) eficaz, fabricado num processo simples, não só proporcionou uma forte adsorção química e efeitos de interceção física do LiPS, como também melhorou consideravelmente a resistência estrutural do cátodo para acomodar a flutuação do volume durante o ciclo. Além disso, a nossa equipa de investigação também fez grandes esforços para construir um espaço oco interior contínuo e de longo alcance nas nanofibras. Zhang et al[80] introduziram uma película de nanofibras de carbono autónoma com uma estrutura em forma de gema de um compósito TiO2-CNFs@void@TiN@C completamente oco e em forma de gema. Como se mostra na Figura 12c-f, esta conceção estrutural 3D multifuncional possui os seguintes méritos: (i) O esqueleto de carbono condutor duplo proporcionou uma maior eficiência na transferência de electrões entre o compósito e o enxofre; (ii) O grande espaço oco pode carregar muito enxofre e sustentar a expansão do volume; (iii) O T1O2 polar e o TiN no compósito proporcionaram fortes locais de adsorção para os LiPSs; (iv) A estrutura de nanofibras em forma de gema realizou eficazmente o encapsulamento dos LiPSs.

5.1.3. Nanofibras não carbonáceas

Para as nanofibras baseadas em electrospinning utilizadas como hospedeiras de enxofre no cátodo das baterias de Li-S, o carbono é a escolha de material mais viável e popular das nanofibras devido à sua baixa densidade e elevada condutividade. No entanto, o material de carbono não é, sem dúvida, a única escolha neste domínio e muitos investigadores têm explorado a utilização de matrizes de nanofibras não carbonáceas como hospedeiras de enxofre, expandindo fortemente os horizontes da construção de materiais e da exploração teórica. Atualmente, os compostos de metais polares utilizados como adsorventes e catalisadores de LiPS em baterias de Li-S são sempre combinados com materiais de carbono para uma melhor funcionalização, mas são desfavoráveis para o elevado WV dos cátodos de enxofre. Assim, os óxidos de metais de transição polares foram libertados do substrato de carbono e explorados para uma melhoria adicional da densidade de carga e do peso volúmico das baterias de Li-S. Como compostos típicos de base bimetálica, o espinélio de níquel-cobaltite (N1CO2O4) com elevada densidade apresenta múltiplos sítios catalíticos activos, o que pode melhorar intensamente a cinética de conversão de LiPS. Liu et al. relataram um composto de nanofibras ocas de ID N1CO2O4 sem carbono como hospedeiro de enxofre e fabricaram o cátodo S/N1CO2O4 com alto teor de enxofre, como mostrado na Figura 13a-f.[81] As nanofibras de N1CO2O4 conseguiram uma forte adsorção de LiPSs e forneceram fortes locais de reação ativa para melhorar o seu processo de conversão, mesmo a densidade de toque do cátodo S/N1CO2O4 atingiu um nível elevado maravilhoso de 1,66 g-cm'^{3}, que está próximo da densidade teórica (2,07 g -cm'^{3}) de enxofre. Por conseguinte, o compósito S/N1CO2O4 proporcionou uma excelente capacidade volumétrica e um excelente desempenho do ciclo. Shen et al. [82] relataram que nanotubos mesoporosos de T1O2 serviram como hospedeiros de enxofre em baterias de Li-S, que foram sintetizados por electrospinning acoplado com pirólise, permitindo um desempenho de alta taxa de 610mAh- g'^{1} a 8C e ciclos estáveis de longa duração, como mostrado na Figura 13g-h. O autor adoptou o PVP e o titanato de tetrabutilo como precursores para a electrospinning e aqueceu-os a 550°C no ar para preparar um nanotubo oco de T1O2 oco que serve como hospedeiro de enxofre. O procedimento é simples e eficaz e a estrutura é favorável à rápida transformação do Li^{+} ', mas a falta de condutividade do T1O2 limita sua aplicação no cátodo com alto teor e carga de enxofre. Além disso, a Tabela 3 mostra o recente avanço no desenvolvimento de materiais de nanofibras baseadas em electrospinning para os cátodos das baterias de LiS.

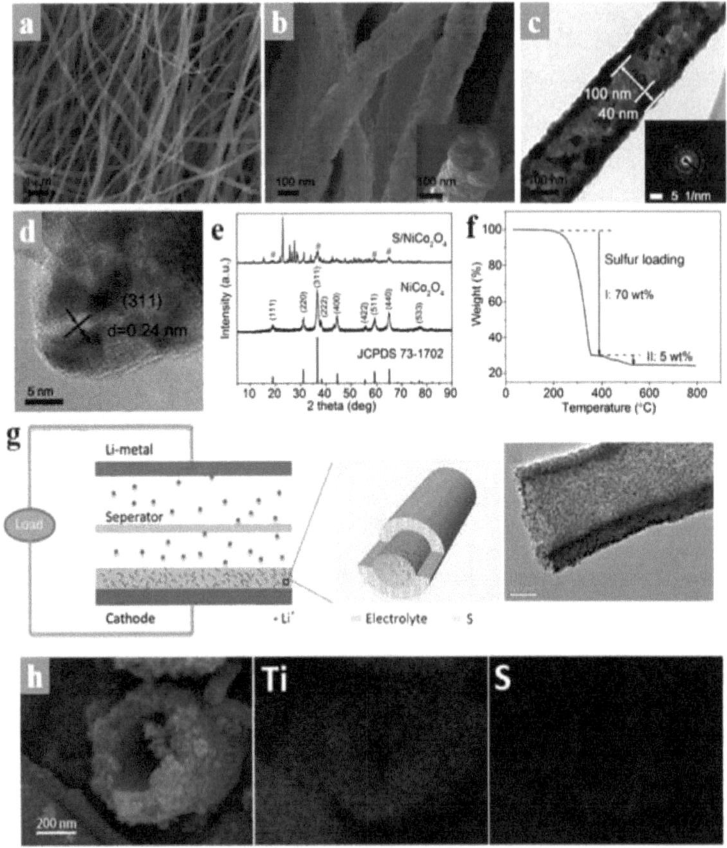

FIGURA 13. a,b) Imagens SEM das nanofibras deNiCo2O4, c) TEM das nanofibras deNiCo2O4 e o padrão SAED correspondente, d) Imagem HRTEM das nanofibras deNiCo2O4, e) Padrões XRD das nanofibras deNiCo2O4 e do compósito S/N1CO2O4. Os picos de difração do NiCo2O4 estão marcados com sinais de libra no padrão do compósito S/N1CO2O4, f) Curva TG do compósito S/N1CO2O4 em atmosfera de Ar[81].
g)
Representação esquemática do desempenho a alta velocidade do cátodo de compósitos MTDNTs/S, h) Imagem STEM do compósito MTDNTs/S e mapeamento elementar de Ti e S. Reproduzido com autorização.[82]

Tabela 3. Materiais de nanofibras baseados em electrospinning para os cátodos das baterias de Li-S.

Componentes	Estrutura	Desempenho eletroquímico: Desempenho de ciclo longo	Desempenho de Kate	Com elevada carga de enxofre	Ref.
Carbono (PAN), TiO	Agregado de esferas ocas	/	620 mAh- g^{1} a 2 C	15 mg cm^{2}: 680 mAh-g^{1} a 0,2 C após 400 ciclos	[16d]
Carbono (PAN)	Normal	/	/	10,5 mg cm^{-}: 680 mAh- g^{1} a 0,1 C (90,4% de retenção de capacidade)	[32]
Carbono	Poroso	509 mAh- g"' a 1,5 C após 500 ciclos (66,45% de retenção da capacidade)'	553 mAh- g^{1} a 4 C após 200 ciclos	/	[66]
Carbono (PAN)	Poroso	/	688,4 mAh- g^{1} a 2C	/	[67]
Carbono (PAN-PB)	Nanoesferas de carbono com casca de gema	700 mAh- g' a 1 C após 500 ciclos (82,8% de retenção da capacidade)'	562 mAh- g^{1} a 4C	16 mg cm^{2}: 15,5 mAh-cm^{2} a 0,1 C após 100 ciclos	[68]
Carbono (PVP)	L12S encapsulado	/	460-730 mAh- g' a uma taxa de corrente de fuga deO,2-2,0 C	Carga de LbS de 9,0 mg cm -: 520 mAh- g"a l C após 2O0 ciclos	[71]
Carbono (PVP). TiC, grafeno	Gema múltipla/casca	620 mAh- g^{1} a 1 C após 800 ciclos (68 % de retenção da capacidade)	970,6 mAh- g^{1} a 2C	6,8 mAh- cm^{2} com uma carga de enxofre de 10,5 mg cm^{2}	[74]
Carbono (PAN), TiOi, grafeno	Poroso	618 mAh- g' a 1 C após 500 ciclos (62,6 % de retenção da capacidade)	668 mAh- g^{1} a 5C	4,8 mg cm^{2}: 490 mAh-g^{1} a 1 C após 100 ciclos	[75]
Carbono (PAN), grafeno CVD	Mistura porosa	666 mAh- g' a 0,5 C após 300 ciclos (82,8 % de retenção da capacidade) '	506,5 mAh- g^{1} a 5 C	15 mg cm^{2}: 13,13 mAh-cm^{-2}	[76]
Carbono (PVP). TiO	Poroso	518 mAh- g' a 0,5 C após 200 ciclos (65,5 % de retenção da capacidade) '	/	/	[77]
Carbono (PAN), TiC	Caixas em fibras	431 mAh- g' a 10 C após 400 ciclos (39,7% de retenção da capacidade) '	739 mAh- g^{1} a 10 C	9,2 mg cm^{2}: 7,90 mAh-cm^{-2} após 50 ciclos	[78]
Carbono (PAN), PANi	Revestimento da camada PANi	552 mAh- g' a 1 C após 300 ciclos (71% de retenção da capacidade)	486 mAh- g^{1} a 2 C	2,1 mg cm-2: 711 mAh-g^{1} a 0,2 C após 300 ciclos	[79]
Carbono (PVP), T1O2, TiN	Estrutura de nanofibras de casca de gema	675,8 mAh- g' após 1000 ciclos a 1 C (68% de retenção da capacidade)	688,5 mAh- g^{1} a 5 C	9,5 mgcm^{2}: 668,5 mAh-g viga 300 ciclos a 1,5 mA cm^{-2}	[80]
SPAN, CNTs	Nanofibras/CNTs	1180 mAh- g' após 800 ciclos a 0,8 A g^{1} (quase 100% de retenção da capacidade)	885 mAh- g^{1} a 1,6 A g^{1}	4,0 mg cm^{2}: 1100 mAh-g^{1} a 0,8 A g$^{'1}$	[83]
N1C02O4	Nanotubo oco	487 mAh- cm^{2} após 1500 ciclos a 1 C (41,5% de retenção da capacidade)	400 mAh- g^{1} a 5 C	4 mg cm^{2}: 834 mAh- g^{1} a 0,1 C	[81]

5.1.4. Materiais catódicos de polímeros organossulfurados

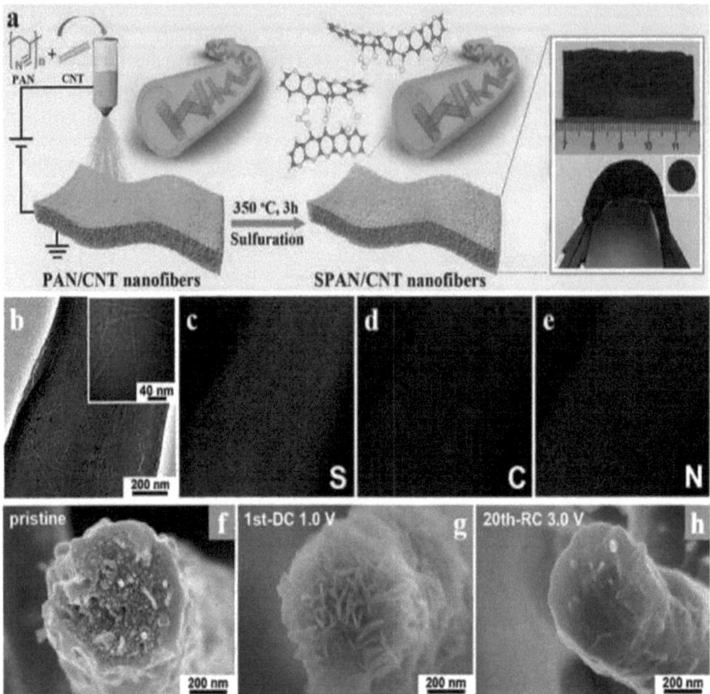

FIGURA 14. a) Ilustração esquemática do procedimento de síntese dos eléctrodos SPAN/CNT. As caixas laranja inseridas são imagens digitais dos eléctrodos flexíveis e independentes, b) Imagens TEM de uma única fibra SPAN/CNT'[1] e c-e) o mapeamento elementar correspondente de S, C e N. As caixas brancas inseridas são imagens com grandes ampliações, f-h) Imagens SEM transversais de uma única nanofibra SPAN/CNT'[1] em diferentes estados de carga de descarga. Reproduzido com permissão. [83]Copyright 2019, Wiley-VCH.

Para suprimir o efeito de vaivém do LiPS nas baterias de Li-S, foram adoptadas muitas estratégias. Entre elas, o polímero organossulfurado é um material promissor devido às estruturas e funcionalidades reguladas que podem melhorar o desempenho eletroquímico das baterias de Li-S. Como polímero organossulfurado representativo, o poliacrilonitrilo sulfurizado (SPAN) pode efetivamente conter o efeito de vaivém através de uma transformação sólido-sólido sobre o processo redox em baterias Li-S. Combinado com um processo de síntese simples, o SPAN tem sido amplamente utilizado no sistema Li-S. Wang et al.[83] demonstraram uma bateria estável de Li-S com SPAN flexível e autónomo como cátodo, como se mostra na Figura 14, e os cátodos SPAN eram constituídos por um elemento condutor 3D

estrutura das nanofibras de SPAN por electrospinning. A estrutura e a caraterização dos componentes provaram que as cadeias curtas de enxofre estavam perfeitamente incorporadas na espinha dorsal do PAN pirolisado conjugado com π, enquanto a caraterização eletroquímica correspondente demonstrou a atividade de litiação do enxofre, mesmo num processo livre de LiPS . A redução eletroquímica do SPAN por Li^+ foi uma reação sólido-sólido de fase única com L12S como único produto de sulfureto e a reação extra parasitária entre Li^+ e as ligações C-N tornam a espinha dorsal mais condutora. As caraterísticas acima mencionadas permitiram ao cátodo SPAN/CNT um excelente desempenho de taxa e uma incrível estabilidade de ciclo. A estrutura entrelaçada do compósito SPAN/CNT derivado da electrospinning oferece um cátodo fibroso livre e flexível nas baterias Li-S, que não só possui canais de transporte iónico rápido, como também proporciona mais espaço para a deposição de L12S, melhorando consideravelmente o desempenho eletroquímico do cátodo SPAN. Além disso, a estrutura de fibras entrelaçadas de longo alcance pode acelerar a transferência de carga e acomodar a expansão do volume nos processos redox. Exceptuando o SPAN, tanto quanto sabemos, não existem outros tipos de materiais catódicos de polímeros organossulfurados associados à electrospinning que tenham sido utilizados no sistema Li-S, mas acreditamos que os polímeros organossulfurados com estrutura de fibras podem melhorar significativamente o desempenho eletroquímico das baterias Li-S e isso acontecerá em breve.

5.2.. Camada intermédia

Recentemente, muitos investigadores têm prestado atenção aos separadores funcionais ou camadas intermédias entre o separador e o elétrodo, o que é considerado como uma estratégia potencial para restringir o vaivém dos LiPSs e promover a participação dos LiPSs nas reacções electroquímicas no interior do cátodo de enxofre.[84] Coincidentemente, a natureza leve e autoportante da membrana de nanofibras baseada em electrospinning tornou-a uma escolha apropriada de materiais de camadas intermédias. No sistema de bateria de Li-S, as camadas intermédias referidas pelos investigadores podem ser divididas em duas categorias principais: uma camada intermédia entre o separador e o cátodo que funciona para a supressão do "efeito de vaivém" e o efeito catalítico para a conversão de LiPS; a camada intermédia entre o separador e o ânodo de lítio que funciona como um transmissor de iões Li^+ que inibe o crescimento de dendritos de lítio. Nesta parte, centrar-nos-emos na camada intermédia utilizada no lado do cátodo, enquanto a camada intermédia para o ânodo de lítio será discutida na parte seguinte relativa ao ânodo

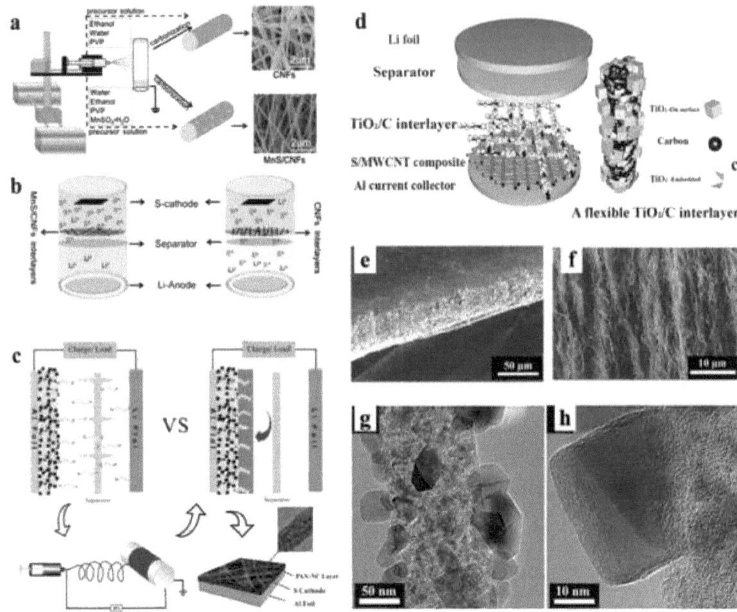

FIGURA 15. a) Esquema da síntese da intercamada MnS/CNF e CNF, b) Esquema das diferentes diferentes intercamadas que suprimem a difusão de polissulfuretos. Reproduzido com permissão.[86] Copyright 2020 the Royal Society of Chemistry, c) Ilustração esquemática das configurações celulares e do processo de fabrico de PAN-NC@Cátodo. Reproduzido com permissão.[87] Copyright 2017, American Chemical Society, d) Esquema da configuração da bateria Li-S com um interlayer flexível, e-f) Imagens SEM de secção transversal do intercamada, g-h) Imagens TEM da intercamada. Reproduzido com permissão.[88] Copyright 2017, Wiley-VCH.

Os materiais 2D com estrutura em camadas, como o grafeno e o MXene, foram amplamente utilizados na camada intermédia das baterias de Li-S devido à sua excelente capacidade de interceção de LiPS.[(85)] Para o fabrico desse grafeno ou MXene, os materiais 2D têm de ser dispersos e revestidos na superfície dos cátodos de enxofre ou do separador, o que torna a estrutura e as funções menos controláveis. A título de comparação, a membrana de nanofibras com base em electrospinning com estrutura de rede 3D não só apresentou uma excelente condução eletrónica e uma arquitetura porosa controlada para evitar a difusão de LiPS, como também demonstrou uma viabilidade conclusiva na combinação de grupos funcionais para adsorção química extra e capacidades catalíticas, demonstrando que a membrana de electrospinning poderia ser uma escolha mais adequada para as camadas intermédias das células LiS. Wang, et al.[86] relataram nanofibras de MnS/CNFs sintetizadas por uma técnica de electrospinning como uma camada intermédia flexível para baterias de Li-S, como se mostra na Figura 15a, b. As partículas de MnS introduzidas foram uniformemente incorporadas nas nanofibras de carbono e, ao mesmo tempo, introduziram nanoporos no substrato de nanofibras de carbono , o que permitiu que as partículas de MnS contactassem melhor com os LiPSs para adsorção química. Associando a catálise e o efeito de adsorção das partículas de MnS aos LiPSs com a função de interceção física da membrana de nanofibras de carbono independente, as células com camadas intermédias de MnS/CNF alcançaram uma capacidade extraordinária numa vasta gama de temperaturas e uma baixa auto-descarga. Além disso, Peng et al. desenvolveram um método para revestir a PAN e a fibra de negro de carbono dopada com azoto (PANNC) diretamente no cátodo de enxofre puro através da tecnologia de electrospinning.[87] Como se mostra na Figura 15c, as partículas condutoras NC incorporadas em nanofibras PAN flexíveis aderiram firmemente à superfície do cátodo de enxofre, o que não só é adequado para a infiltração do eletrólito e a difusão de Li^+ , como também é capaz de amortecer a expansão do volume do cátodo de enxofre. Assim, este cátodo PAN-NC@ revela uma melhor utilização de materiais activos, capacidade de taxa e estabilidade de ciclo, indicando a aplicação promissora desta nova estratégia de intercamada baseada em electrospinning. O grupo de Vasant Kumar[88] apresentou uma camada intermédia flexível semelhante a pralina, constituída por nanopartículas de T1O2 e CNFs, para suprimir o efeito de vaivém nas baterias de Li-S, alcançando estabilidade de ciclo e capacidade de débito, como se mostra na Figura 15d-h. Os materiais de nanofibras de carbono podem melhorar a condutividade do enxofre e do L12S, mas a fraca interação entre o LiPS e o carbono não polar não pode suprimir suficientemente o efeito de vaivém. Por isso, o autor acoplou nanopartículas polares de T1O2 numa estrutura de nanofibras de carbono para melhorar a capacidade de adsorção do LiPS. Este é um trabalho representativo que utiliza a electrospinning para regular as estruturas e os componentes das nanofibras, promovendo grandemente a melhoria das bateriasLi-S

5.3.. Separador e electrólitos de estado sólido

5.3.1. Separador

Como parte essencial dos sistemas de bateria, o separador actua como uma zona de isolamento entre o ânodo e o cátodo, mas proporciona um canal especial para o eletrólito e os iões. No sistema de baterias que contém iões de lítio, o separador é geralmente uma membrana de polímero poroso que possui tanto uma natureza de isolamento elétrico como canais de transporte para iões de lítio. Tendo em conta o famoso "efeito de vaivém", o separador utilizado no sistema de bateria LiS tem sido alvo de exigências mais rigorosas para suprimir o vaivém de LiPSs. Mais importante ainda, a segurança do sistema de bateria é altamente relevante para a qualidade do separador, pelo que a estabilidade e a resistência ao calor do separador também merecem ser investigadas.[8413 89] Em suma, exige-se que um separador ideal para as células Li-S tenha os seguintes méritos: 1) excelente natureza de isolamento para evitar o curto-circuito interno; 2) elevada molhabilidade e boa permeabilidade para assegurar uma penetração adequada do eletrólito e um transporte rápido de Li^+ ; 3) funções fiáveis na interceção dos LiPSs e no seu confinamento no lado catódico; 4) elevada estabilidade eletroquímica e térmica para segurança a longo prazo. O atual separador comercial de polipropileno (PP) Celgard utilizado nas baterias Li-S apresenta as vantagens de uma distribuição uniforme dos poros, grande estabilidade química e boa resistência mecânica. No entanto, o separador de PP é incapaz de evitar o "efeito de vaivém" e de resistir a temperaturas elevadas. Tomando em consideração os efeitos de interceção física do cátodo e as concepções entre camadas, a modificação dos separadores foi considerada como uma excelente estratégia alternativa para inibir o efeito de vaivém dos LiPSs. Os investigadores desenvolveram múltiplas estratégias para melhorar o desempenho de interceção de LiPSs do separador de PP, concluindo a adoção de vários compostos metálicos,[90] MOF,[91] revestimentos à base de carbono[17] e polímeros contendo grupos polares, [92] diretamente revestidos no separador de PP como uma camada sincrética. Yu et al.[93] propuseram um novo método para adaptar o tamanho dos poros do separador tradicional de PP através de um PIN. O PIN foi incorporado com sucesso nos poros de escala micrométrica do separador de PP depois de submergir o PP na solução de PIN. O PIN pode suprimir a penetração de LiPSs mas permite o transporte de iões Li^+ , pelo que as baterias LiS com o separador PP modificado com PIN revelam um melhor desempenho eletroquímico.

A modificação do separador PP pode facilmente melhorar o desempenho eletroquímico da bateria Li-S até um certo grau, mas os defeitos inerentes aos separadores PP, como a fraca estabilidade térmica, não podem ser evitados, o que continua a ser um grande problema, dificultando intensamente as aplicações práticas das baterias Li-S.

As membranas de nanofibras baseadas em electrospinning possuem caraterísticas de porosidade inerentes e mostram uma flexibilidade esplêndida no ajuste ou modificação da composição. Por conseguinte, foram desenvolvidas algumas novas membranas de electrospinning como separadores para melhorar a estabilidade térmica e inibir eficazmente o polissulfureto. Lei et al.[57] introduziram um polifosfato de amónio (APP) retardador de chama de baixo custo na solução precursora de PAN e fabricaram um separador de microfibras inteligente (PAN@APP) através da tecnologia de electrofiação. Como se mostra na Figura 16a-f, os grupos amina abundantes e o radical fosfato no APP mostraram uma forte interação de ligação com os LiPSs, realizando assim um efeito de repulsão de carga e suprimindo o transporte dos LiPSs carregados negativamente para o lado do ânodo. Além disso, a combinação de PAN e APP também pode evitar o contacto direto entre a APP e o eletrólito, o que pode prejudicar o desempenho eletroquímico da bateria. A tecnologia de electrospinning fácil permitiu uma combinação estreita dos dois polímeros distintos de PAN e APP, construindo assim um separador multifuncional PAN@APP com os méritos comuns dos dois polímeros. Comparado com o separador tradicional de PP e com o separador de PAN por electrospinning, este separador multifuncional PAN@APP apresentou um melhor desempenho na bateria de Li-S, ao mesmo tempo que ultrapassou os conhecidos efeitos negativos dos aditivos retardadores de fogo.

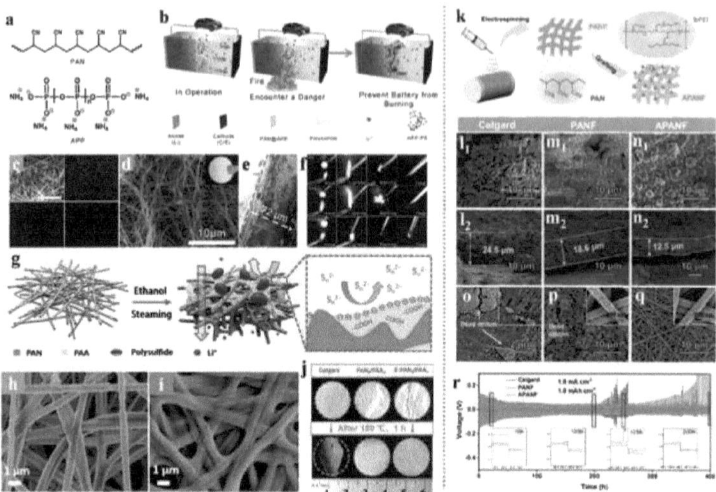

FIGURA 16. a) Estruturas químicas dePAN (em cima) e APP (em baixo), b) Esquema do separador multifuncional PAN@APP de electrospinning com propriedades retardadoras de chama térmicas para baterias de Li-S, c) Imagens de mapeamento elementar de C, N e P na região selecionada dePAN@APP. d, e) Imagens SEM e imagens de secções transversais da membrana PAN@APP. A imagem inserida mostra a fotografia digital do separador PAN@APP, f) Propriedades retardadoras de chama dos separadoresPP, PAN e PAN@APP. Reproduzido com permissão)[571] Copyright 2018, Wiley-VCH. g) Diagrama esquemático do fluxo de design para E-PAN/PAA e o mecanismo de bloqueio contra polissulfureto, h, i) Imagens SEM de PAN6/PAA4 e E-PANe/PAA^j) Encolhimento térmico após exposição a 150 °C para Ihof diferentes membranas. Reproduzido com permissão-[94]
Copyright 2019 the Royal Society of Chemistry, k) Um esquema da preparação de APANF. Imagens SEM de vista superior e secção transversal de revestimento de Li em folha de Cu com 1) Celgard, m) PANF, e n) separadores APANF após 50 ciclos. A morfologia de o) Celgard, p) PANF, q) APANF, após o ciclo. As inserções são imagens de alta resolução, r) Perfis de tensão de células simétricas com diferentes separadores. Reproduzido com permissão.[95]Copyright 2020, Elsevier.

Os microporos nas películas de nanofibras baseadas em electrospinning foram geralmente formados a partir do entrelaçamento desordenado das nanofibras, o que dificultou o controlo das porosidades a um nível apreciado. A este respeito, Zhu et al.[94] desenvolveram uma nova estratégia para controlar a estrutura dos poros das membranas de nanofibras baseadas em electrospinning. Através de um método fácil de electrospinning, foi preparada uma membrana de nanofibras compósitas de poliacrilonitrilo/ácido acrílico (PAN/PAA). Como se mostra na Figura 16g-j, após um tratamento com vapor de etanol in situ, o PAA eletronegativo pode ser extraído in situ do substrato de nanofibras de PAN/PAA de electrospinning, regulando assim a dimensão dos poros para um nível adequado. O separador PAN/PAA tratado com vapor de etanol (E- PAN/PAA) apresentou uma função de interceção física e de barreira química para o LiPS, que beneficiou respetivamente da estrutura de poros única e dos abundantes grupos carboxilo electronegativos (-COOH). Por conseguinte, o separador E-PAN6/PAA4 optimizado pode não só evitar eficazmente o "efeito de vaivém", mas também proporcionar o transporte rápido de Li^+, resultando numa elevada capacidade de descarga de 1231mAh-g'^{1} a 0,1C, uma melhor capacidade de taxa de dSVmAh-g'^{1} a 3C e uma excelente estabilidade de ciclo a 1C com apenas 0,03% de decaimento da capacidade por ciclo.

A conceção do separador deve ter em conta não só o típico "efeito de vaivém" do LiPS proveniente do cátodo de enxofre, mas também os problemas complicados relacionados com o ânodo de lítio metálico instável. A deposição não homogénea dos iões Li^+ e a camada SEI instável causariam a famosa formação de dendrite, que é letal para a segurança da bateria. A este respeito, Hu et al.[95] desenvolveram um separador funcional de nanofibras de PAN amoniada (APANF) para inibir a formação de dendrite de Li e bloquear o transporte de LiPS. Como se mostra na Figura 16k-r, o separador multifuncional APANF foi fabricado através de um método fácil de electrospinning associado ao seguinte enxerto químico da polietilenoimina (PEI). A estrutura de nanofibras reticuladas e os grupos de superfície polar actuaram como um regulador de iões Li^+ para promover a deposição de iões Li^+ num padrão de deposição esférico 3D mais homogéneo, e os grupos de amoníaco livres a favor da geração de camadas SEI ricas em LisN, suprimindo ainda mais o crescimento de dendritos de Li. Além disso, o APANF também mostrou uma capacidade robusta de adsorção química com LiPSs, restringindo assim eficazmente o efeito de vaivém. Por conseguinte, as meias-células Li/Cu com separador APANF alcançaram uma elevada eficiência Coulombic estável de 98% para 120 ciclos, e a célula Li-S com separador APANF também mostrou uma estabilidade de ciclismo e uma vida útil muito mais longa do que as células com separador Celgard PP.

Para melhorar ainda mais um separador multifuncional, a equipa de investigadores de Zhou propôs uma nova estratégia para integrar vários materiais distintos num separador independente com uma arquitetura em sanduíche e funções integradas.[96] Como se pode ver na Figura 17a-f, o separador integrado é composto por não-tecidos de poliimida (PI) electrospinning, a película de revestimento CuNWs-GN e um revestimento externo de película LLZO-PEO. Neste novo separador hierárquico, os não-tecidos PI com estabilidade de estrutura intrinsecamente 3D, propriedade retardadora de chama única e boa resistência mecânica serviram de esqueleto básico; a camada CuNWs-GN com estrutura empilhada 3D e a conversão de reação subtil com LiPSs dotada de uma capacidade eficiente de bloqueio do efeito de vaivém, incluindo interceção física e fortes efeitos de ligação química; a camada rígida de eletrólito de estado sólido LLZO-PEO pode suprimir eficazmente o crescimento de metal dendrítico e melhorar a segurança das baterias. Por conseguinte, a uma temperatura elevada de 80°C, os cátodos puros com elevada carga de enxofre e uma relação E/S relativamente baixa proporcionaram uma elevada capacidade de descarga inicial e uma estabilidade de ciclo superior, bem como um desempenho progressivo no sistema de bateria Mg-S. As membranas de nanofibras de polímero electrospinning foram consideradas como candidatos desejáveis do material separador em baterias Li-S pela sua estrutura de rede 3D natural e flexibilidade excecional, enquanto as membranas de nanofibras de polímero electrospinning carbonizadas eram materiais hospedeiros ideais de enxofre pela sua notável condutividade e porosidade. A equipa de investigação de Ding propôs uma nova estratégia que integra a membrana de nanofibras de polímero electrospinning e a membrana de nanofibras de carbono electrospinning com um cátodo de enxofre típico numa membrana fibrosa multifuncional três-em-um. Como se mostra na Figura 17g', a membrana fibrosa três-em-um foi fabricada através de uma estratégia de integração fácil e eficaz baseada em técnicas de electrospinning e de revestimento de base. A camada de revestimento interior, como fonte de enxofre, era uma mistura compactada em que o enxofre estava espacialmente incorporado em numerosos CNT condutores; a camada intermédia era constituída por nanofibras de carbono hierárquicas derivadas de PAN codopadas com Co e N (CoNCNFs) com arquitetura hierárquica binária, que apresentava uma excelente afinidade superficial/química com os LiPSs e podia atenuar o vaivém dos LiPSs; a camada exterior (mais próxima do ânodo de Li), que serve de separador de polímeros de alto fluxo, é uma película nanofibrosa típica de fluoreto de polivinilideno (PVDF) por electrospinning. Devido às capacidades distintas de cada camada e aos seus efeitos sinérgicos das membranas flexíveis integradas de S-CNTs/CoNCNFs/PVDF, a célula com uma elevada carga de enxofre de 13,2 mg - cm' ^{2} com uma relação E/S de ómL-g'^{1} ainda apresentava uma elevada capacidade de 11,4 mAh- cm'^{2} e um excecional desempenho de aplicação dobrada.

Para além de considerarem as funções fundamentais como o componente de base das baterias, os materiais separadores também apresentam grandes perspectivas de desenvolvimento de funções adicionais destinadas a diferentes cenários de aplicação, nos quais os investigadores têm feito muitos esforços e colhido muito. Nas baterias de Li-S, a membrana de nanofibras baseada em electrospinning, a membrana baseada em estruturas metal-orgânicas (MOF)97 e outras membranas inovadoras foram desenvolvidas para substituir o atual separador comercial de PP, que é incapaz de inibir o transporte de LiPSs e de lidar com o ânodo de lítio metálico. A membrana de nanofibras baseada em electrospinning possui uma rede 3D natural e uma estrutura porosa e tem sido considerada um candidato promissor para materiais de separação. Além disso, com a sua capacidade de controlo e viabilidade extremamente fortes, os materiais de electrospinning mostram um grande potencial no combate aos problemas cruéis nas baterias de Li-S.

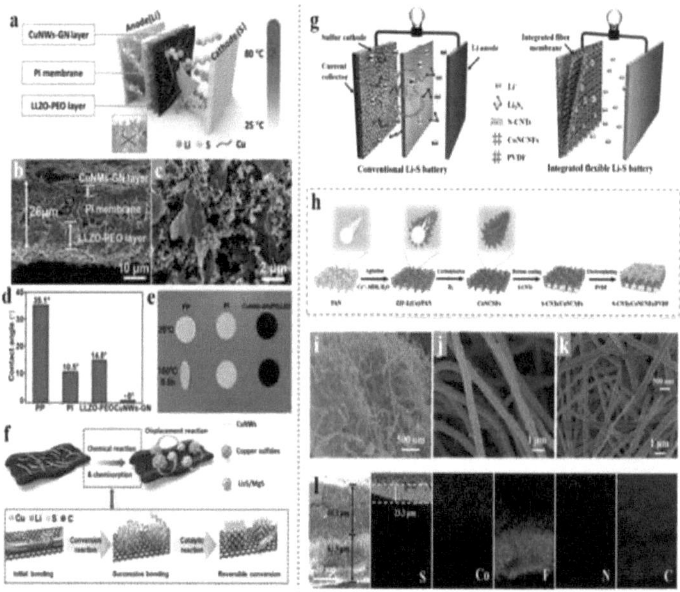

FIGURA 17. a) Ilustração esquemática da configuração da célula com base no separador CuNWs-GN/PI/LLZO, b) Imagem SEM da secção transversal do separador CuNWsGN/PI/LLZO, c) Imagem SEM da superfície CuNWs- GN na membrana de poliimida, d) O ângulo de contacto do eletrólito de vários separadores, e) A estabilidade térmica de vários separadores a 150 °C durante 0.5 h. f) Ilustração esquemática da ancoragem química e da funcionalidade catalítica das camadas de revestimento de nanofios de cobre-grafeno em relação a espécies solúveis de polissulfureto (imagem superior: alterações em macroescala ao nível do elétrodo e inferior: alterações em microescala ao nível molecular). Reproduzido com permissão.[96] Copyright 2020, Wiley-VCH. Ilustrações esquemáticas de g) o princípio de funcionamento do sistema de bateria Li-S convencional e do sistema de bateria Li-S flexível integrado, h) o fabrico da membrana fibrosa três-em-um integrada. Imagem SEM de i) S-CNTs, j) camada de CoNCNFs e k) camada

fibrosa de PVDF. 1) Imagem SEM de secção transversal e mapeamentos EDS da membrana fibrosa três-em-um S-
Membrana de CNTs/CoNCNFs/PVDF. Reproduzido com permissão.[35] Copyright 2019, Wiley-VCH.

5.3.2. Electrólitos de estado sólido

Um separador de electrospinning ou um separador de electrospinning modificado é uma estratégia eficaz para conter o fenómeno de shuttle nas baterias de Li-S. No entanto, num sistema de eletrólito líquido, o efeito de vaivém não pode ser totalmente suprimido, devido à elevada solubilidade das espécies de enxofre de cadeia longa e à polarização da concentração nos sistemas Li-S. Além disso, as instabilidades electroquímicas e térmicas no sistema Li-S baseado em eletrólito líquido resultam em mais problemas potenciais de segurança, que são a inflamabilidade dos electrólitos orgânicos e o crescimento excessivo de dendritos de lítio. Recentemente, a adoção de electrólitos de estado sólido para substituir os electrólitos líquidos, a fim de suprimir o efeito de vaivém e melhorar as instabilidades electroquímicas e térmicas nas baterias de Li-S de estado sólido, tornou-se uma estratégia promissora. Por conseguinte, foram explorados muitos tipos de electrólitos de estado sólido em baterias Li-S de estado sólido, tais como electrólitos de polímeros em gel, electrólitos de cerâmica e electrólitos híbridos, promovendo profundamente o avanço do sistema LiS. Mais importante ainda, a utilização de electrólitos de estado sólido em substituição dos electrólitos líquidos e dos separadores pode diminuir o peso total e aumentar a densidade energética das baterias.

Entre todos os tipos de electrólitos sólidos, a electrospinning de electrólitos de estado sólido na estrutura de nanofibras unidimensionais (ID) atrai mais atenção devido à elevada transportabilidade de iões e à elevada porosidade. Além disso, os electrólitos de estado sólido estruturados em ID podem ser incorporados noutras matrizes poliméricas para criar uma via de transporte iónico contínuo e reduzir a resistência interfacial. Por exemplo, Zhu et al.[98] relataram uma electrospinning Lio.33Lao.55?Ti03 (LLTO) incorporado em compósito sólido de poli (óxido de etileno) (PEO) servindo como todos os eletrólitos sólidos em baterias Li-S de estado sólido para melhorar a estabilidade térmica e reduzir a resistência interfacial, conforme mostrado na Figura 18a, b. Neste trabalho, um efeito de vaivém completamente suprimido, vias de transporte iônico aprimoradas, resistência interfacial reduzida e uma região amorfa aprimorada na matriz PEO foram obtidas, promovendo muito o desempenho eletroquímico das baterias Li-S de estado sólido.

Em 2016, Hu et al.[99] relataram pela primeira vez uma rede condutora 3D Li^+ baseada em nanofibras cerâmicas de eletrofiação Li6.4La3Zr2A10.2O12 (LLZO) incorporadas na matriz PEO, servindo como eletrólitos de estado sólido em baterias de lítio metálico. Estas membranas totalmente sólidas apresentaram uma elevada condutividade iónica e um ciclo de vida estável em baterias de Li simétricas, devido ao bloqueio eficaz do crescimento excessivo dos dendritos de lítio. Além disso, em baterias típicas de estado sólido para aplicações práticas, uma espessura de < 100 µm para eletrólitos sólidos é necessária para obter baterias de alta densidade de energia. Por conseguinte, Lee et al.[100] referiram uma espessura fina de 40-70pm e um eletrólito sólido flexível para baterias de iões de lítio totalmente em estado sólido, que alcançou uma excelente estabilidade térmica até 400°C e um desempenho eletroquímico excecional de 146 mAh-g'^{1}, como se mostra na Figura 18c-f. Neste estudo, foram primeiro preparadas nanofibras de poliimida (PI) por electrospinning para oferecer uma estrutura porosa única e uma estabilidade térmica ultraelevada para acomodar a solução infiltrante altamente condutora LióPSsClo.sBro.s. Este trabalho demonstrou uma nova prova de conceito do protocolo de fabrico de baterias de iões de lítio de estado sólido. Em conclusão, estes trabalhos provam que o método de electrólitos de estado sólido electrospun em estrutura de nanofibras pode melhorar a estabilidade térmica e aumentar a densidade energética das baterias.

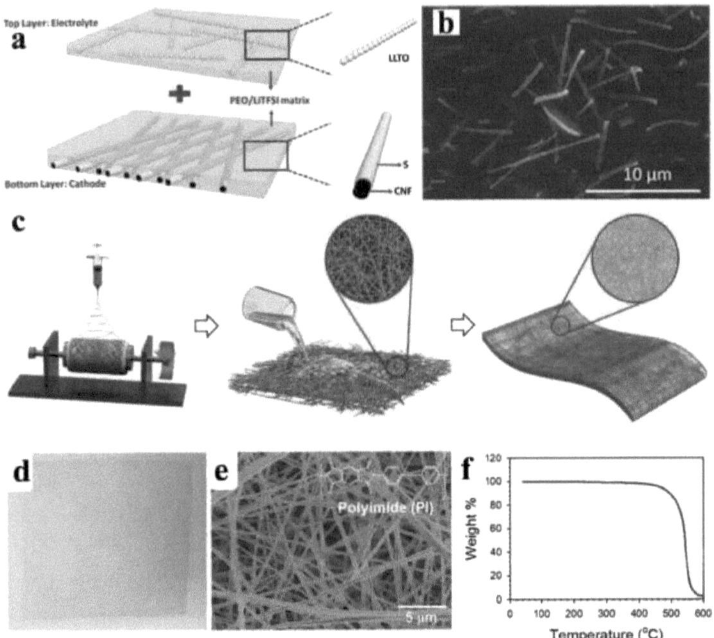

FIGURA 18. a) Ilustração esquemática da preparação dos electrólitos sólidosPEO/LLTO e do cátodo S/CNF, b) Imagem SEM dos electrólitos sólidosPEO/LLTO. Reproduzido com permissão Copyright 2019, Elsevier, c) Esquema da membrana de eletrólito sólido flexível, d, e) Propriedades térmicas e inflamabilidade do eletrólito sólido FRPC, f) Esquema ilustrando os eletrólitos sólidos infiltrando nanofibras de PI com solução Li6PS5C10.5Br0.5. Reproduzido com permissão.[100] Copyright 20, American Chemical Society.

5.4.Ânodo

O ânodo de grafite utilizado nas actuais baterias de iões de lítio quase atingiu o seu limite teórico, o que dificulta de forma crítica o aumento da energia da bateria densidade.[101] Por conseguinte, vários materiais têm sido profundamente estudados como materiais de ânodo para as baterias de iões de lítio, tais como os carbonos, os metais/semicondutores, os compostos metálicos e as suas combinações, devido ao seu potencial para fornecer uma capacidade extraordinariamente superior à de um ânodo de grafite. Além disso, muitos investigadores manifestaram também um interesse crescente em rever o ânodo de lítio metálico, uma vez que o lítio metálico cúbico centrado no corpo (BCC) tem o potencial eletroquímico mais baixo (-3,04 V em relação ao NHE) e a capacidade mais elevada sem paralelo (3860 mAh-g^{-1}) entre os materiais de ânodo conhecidos existentes.[102] Com o Li metálico como ânodo, as baterias Li-S também têm de enfrentar vários problemas que acompanham o Li metálico, como o crescimento excessivo de dendrite de Li, a grande flutuação de volume e a irreversibilidade estrutural e química no eletrólito. Estes problemas não só prejudicam a estabilidade do ciclo, como também acarretam sérios riscos de segurança para as baterias. Durante o processo de carga e descarga das baterias, a intercalação e a desintercalação do Li^+ da superfície do Li metálico foram desordenadas, resultando no crescimento desordenado de cristais de Li metálico. Entretanto, a área de superfície limitada do coletor de corrente da folha de cobre não podia permitir a obtenção de Li metálico suficiente e a sua deposição estável. Por outro lado, devido à natureza sem hospedeiro do revestimento de Li, o SEI necessário para restringir as reacções laterais seria repetidamente destruído, conduzindo a um ciclo vicioso de degradação do ânodo.

Para resolver os problemas acima mencionados, os investigadores envidaram grandes esforços e propuseram muitas estratégias construtivas. Por exemplo, Ding et al-[103] e Zhang et al.[59] tentaram otimizar as composições electrolíticas e os aditivos para homogeneizar o fluxo de Li^+ para induzir uma deposição uniforme de Li e aumentar a estabilidade e uniformidade da SEI na superfície do ânodo. Além disso, foram também explorados electrólitos sólidos e várias barreiras mecânicas[104] com elevado módulo de cisalhamento para suprimir o crescimento de dendrite de Li. Nos últimos anos, a construção de uma estrutura 3D com materiais afinadores de lítio tem sido considerada uma via viável e eficiente para melhorar a estabilidade do ânodo de Li metálico. As arquitecturas interligadas em 3D não só funcionam como uma rede de transporte natural para os electrões e iões de Li^+ , como também proporcionam uma grande área de superfície específica, reduzindo a densidade da corrente e homogeneizando a distribuição das cargas positivas, assegurando assim uma deposição uniforme e estável de lítio metálico. Por exemplo, Cui et al.[105] relataram um revestimento flexível, interligado e oco de nanoesferas de carbono amorfo como um SEI estável que poderia impedir a penetração de moléculas de solvente no eletrólito, mas permitir a transferência de iões Li^+ . Além disso, os iões Li^+ que passam através da SEI foram depositados seletivamente na folha de cobre devido às diferenças de condutividade entre as nanoesferas de carbono e o coletor de cobre, evitando assim os danos na superfície da SEI e o crescimento de dendritos de Li. Entre os vários materiais de carbono poroso 3D, as CNF têm sido consideradas materiais hospedeiros ideais devido às suas redes condutoras 3D reticuladas, que podem facilitar o transporte de electrões e iões de Li^+ permitindo que o Li se deposite na superfície da rede. Zhang et al.[106] relataram um trabalho impressionante que utiliza a película de CNFs filtrada a vácuo para modificar o coletor de corrente de Cu e conseguir a deposição de Li metálico sem dendrite no ânodo. A equipa de investigação da Sun desenvolveu uma estratégia inovadora que consiste em revestir as CNF derivadas do aerogel de celulose em ambos os lados do separador para lidar com os muitos problemas existentes tanto no cátodo de enxofre como no ânodo de Li.[107] Como se pode ver na Figura 19a-g, a rede de CNF de condutividade foi capaz de redistribuir os electrões e evitou a distribuição não homogénea de Li^+ , inibindo assim a geração e o crescimento excessivo de dendritos de Li na superfície das folhas de Cu. Além disso, a rede de CNFs também pode produzir um fluxo uniforme de Li^+ perto da superfície do ânodo e levar a uma deposição suave de Li com a sua arquitetura porosa. Como resultado, os ânodos metálicos de Li modificados com CNF proporcionaram eficiências Coulombicas melhoradas, assim como a bateria de Li-S com interlayers de CNF, mostrou capacidade superior e ciclo de vida.

Em comparação com outros métodos de fabrico de CNFs, a tecnologia de electrospinning apresenta muitas vantagens, tais como baixo custo, elevada eficiência, escalabilidade e propriedades naturais de formação de película, pelo que as CNFs de electrospinning apresentam um grande potencial na construção de uma camada de modificação para a deposição de lítio. Além disso, o metal Li tem um baixo ponto de fusão de 180°C que pode ser infundido numa matriz 3D e construir um ânodo Li composto. As películas de CNFs de electrospinning independentes são bem qualificadas para o processo de infusão de Li metálico liquefeito, que é semelhante à construção de um cátodo de enxofre independente utilizando o método de difusão por fusão. No entanto, a infiltração térmica direta de Li fundido deparou-se sempre com o problema da litofobicidade da superfície, bloqueando a infusão de Li na matriz de CNFs. Para resolver este problema, Ren et al.[108] desenvolveram uma nova estratégia de molhagem reactiva para ativar a infusão de Li com uma reação entre o Li e o enxofre. Como se mostra na Figura 19h, o enxofre foi selecionado como um surfactante para pré-tratar as CNFs de modo a ultrapassar a fricção e a tensão superficial em relação ao Li metálico fundido. Para além disso, foi também proposta uma estratégia viável para construir um sistema robusto de

película SEI para este andaime poroso Li/S-CNF. Após uma reação espontânea entre o Li e uma mistura do complexo B1F3-P2S5, foram geradas películas artificiais SEI nas nanofibras revestidas de Li . Subsequentemente, um tratamento de recozimento do compósito polimerizado L12S-P2S5 poderia formar uma camada uniforme de eletrólito sólido e cobrir a superfície do suporte de Li. Tal como ilustrado na Figura 19i-m, após os tratamentos em duas fases acima referidos, foi fabricado um ânodo Li/CNF (MFC-Li/CNF) protegido por um complexo de fluoreto metálico com uma estrutura porosa e uma camada protetora de dupla função. A Figura 19n, o mostra que as células simétricas com o elétrodo MFC-Li/CNF podem suportar mais de 400 ciclos mesmo com uma densidade de corrente de 5,0 mA-cm'[2] e revelaram sobrepotenciais menores de 1,0 a 10 mA-cm'[2]. Além disso, a bateria completa de Li-S com este ânodo MFC-Li/CNF também apresentou um desempenho estável em ciclos com uma elevada capacidade areal acima de 7,5 mAh-cm'[2], mesmo com uma densidade de corrente de 4,0 mA-cm'[2].

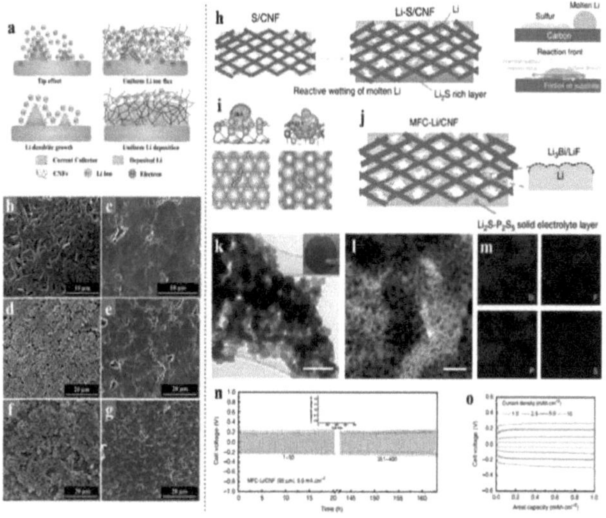

FIGURA 19. a) Ilustrações esquemáticas do crescimento de dendrite de Li num coletor de corrente nu e da deposição uniforme de Li num coletor de corrente com uma intercamada de CNF. Imagens SEM da deposição de Li numa folha de Cu nua a densidades de corrente deb) 0,5 mA-cm'[2], c) 1 mA- cm'[2] e d) 2 mA-cm'[2], respetivamente. Imagens SEM da deposição de Li numa folha de Cu com uma intercamada de CNF a densidades de corrente de e) 0,5 mA -cm'[2], f) 1 mA -cm''[(2)] e g) 2 mA -cm'[2], respetivamente. Reproduzido com permissão.[107] Copyright 2017, Elsevier, h) Um desenho animado ilustrando o processo de fabrico de Li-S/CNF. i) Gráficos de diferença de densidade de carga mostrando a adsorção de um adátomo de Li no substrato de LiF (111) (esquerda) e L13BÌ (111) (direita) (linha superior); as vias de difusão de adátomos de Li nas superfícies correspondentes (linha inferior). As bolas verdes, roxas e castanhas representam o lítio, fluorina e átomos de bismuto, respetivamente, j) Um desenho animado mostrando a estratégia de revestimento para obter MFC-Li/CNF.

κ) Imagem TEM da camada protetora retirada do eletrodo MFC-Li. 1, m) Análise TEM/EDS da camada protetora, n) Perfis representativos de tensão de ciclo a 1,0 mAh- cm'[2] a 5,0 mA -cm'[2] para a para a célula simétrica montada com o elétrodo MFC-Li/CNF, a inserção mostra a tensão média da célula versus

o índice de ciclo, o) Perfis de tensão a diferentes densidades de corrente. Reproduzido com permissão'[108]

Copyright

2019, Nature.

Embora o tratamento de superfície possa conduzir à molhagem reactiva de Li fundido na superfície de CNFs e melhorar a afinidade do lítio para o andaime de CNFs, o processo de revestimento de Li nos materiais carbonosos também valeu a pena explorar ao preparar um ânodo Li/CNFs fiável. No entanto, a correlação entre o comportamento de revestimento de Li e as caraterísticas da superfície dos materiais carbonosos raramente atrai a atenção dos investigadores. Neste caso, a equipa de investigação de Kim propôs um trabalho esclarecedor que elaborou o mecanismo relativo aos comportamentos de revestimento de Li nas nanofibras de carbono porosas de electrospinning.[109] Como se mostra na Figura 20, as nanofibras de carbono porosas (PCNFs) com um elevado grau de grafitização foram fabricadas através de um novo método de templet, utilizando engenhosamente as partículas catalíticas Pe3C como templet. As soluções de HNO3 e HC1 com diversas concentrações foram selecionadas como condicionador e fonte dos grupos funcionais oxigenados. Os experimentos e cálculos teóricos juntos demonstraram que os poros abertos criados na superfície do CNF poderiam levar à nucleação inicial controlada de Li, bem como a introdução de grupos funcionais oxigenados poderia melhorar significativamente a nucleação uniforme e o crescimento de Li na superfície dos PCNFs devido à barreira de energia amplamente reduzida necessária para o crescimento de núcleos de Li. Além disso, os ânodos optimizados de PCNF^{-1}.5-HNO3 revestidos a Li foram montados em baterias de Li-S com um cátodo de carbono infiltrado de enxofre, as células completas apresentaram um desempenho eletroquímico muito elevado em comparação com o que utiliza o aço inoxidável revestido a Li como ânodo. Além disso, muitos outros PCNFs de electrospinning com muitos locais litiofílicos foram desenvolvidos para induzir a deposição homogénea de Li. Fang et al.[42] desenvolveram um método fácil de electrospinning para construir fibras microporosas de carbono dopadas com Ag (Ag@CMFs) como um hospedeiro 3D de lítio para baterias estáveis de lítio metálico. As nanopartículas dopadas com Ag aumentaram consideravelmente a afinidade do lítio das CMFs, o que pode regular eficazmente o progresso da deposição de Li nas baterias de lítio metálico. Além disso, a estrutura de fibra microporosa 3D pode diminuir a densidade de corrente e acomodar a flutuação de volume durante o processo de plaqueamento/descascamento de Li^+ no ânodo de lítio. Como resultado, foi alcançado um elevado CE de 98% durante 800 ciclos, mesmo com uma elevada densidade de corrente de 5 mA-cm'(2), que ainda pode ser alcançada em 200 ciclos com uma superfície lisa e densa do ânodo de lítio.

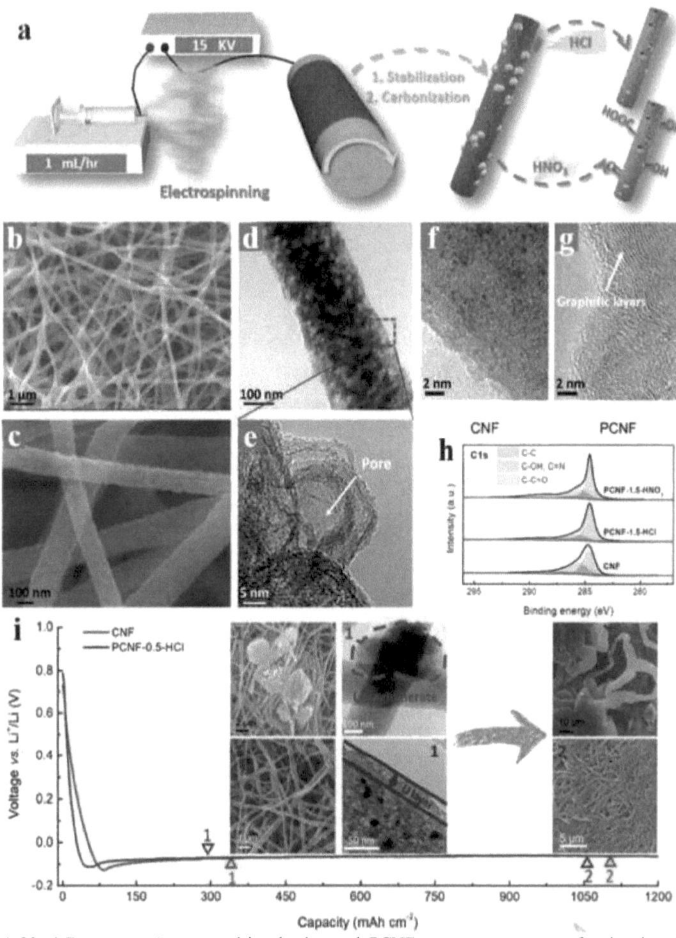

FIGURA 20. a) Representação esquemática da síntese dePCNFs com ou sem grupos funcionais oxigenados, b) Imagens SEM de baixa e c) alta ampliação dePCNF-1.5-HNO3. d) Imagem TEM e e) Imagem HRTEM dePCNF-1.5-HNO3. Imagens HRTEM de f) CNF puro e g) PCNF-1.5-HNO3 mostrando graus distintos de grafitização, h) Espectros Cis deconvoluídos dePCNFs preparados com diferentes agentes de condicionamento e CNFs puros. i) Imagens SEM e TEM ex situ dos eléctrodos de CNF puro e PCNF em diferentes estágios de revestimento de Li. Reproduzido com permissão.[109]Copyright 2018, Wiley-VCH.

Chen et al.[40] relataram um novo método auto-engajado para fazer prismas ocos de Ni-Co @ fibras de carbono como hospedeiro de lítio 3D para induzir a deposição homogênea de Li, o procedimento de preparação de materiais é ilustrado na Figura

21a. No compósito, o NiCo é distribuído uniformemente nas CNFs servindo como locais de nucleação litiofílica para induzir a deposição homogénea de Li e as espécies N nas CNFs podem aumentar a afinidade de lítio do esqueleto de carbono. Além disso, a abundância de espaços vazios com elevada curvatura pode regular o campo elétrico e os prismas ocos aumentam consideravelmente a utilização do volume no processo de revestimento/descasque do Li. Por conseguinte, os NCH@CFs 3D podem servir como um eficiente hospedeiro de lítio e proporcionam um baixo sobrepotencial de nucleação, um elevado CE e um ciclo de vida estável. Zhao et al. [110] relataram que as CNFs especiais ricas em flúor servem como lítio litiofílico, permitindo um excelente desempenho eletroquímico nas baterias de lítio-metal, como se mostra na Figura 21k-q. Mais importante ainda, este trabalho explorou a influência do tamanho dos poros das estruturas de CNFs na deposição de lítio, enriqueceu o mecanismo de deposição de lítio nas CNFs.

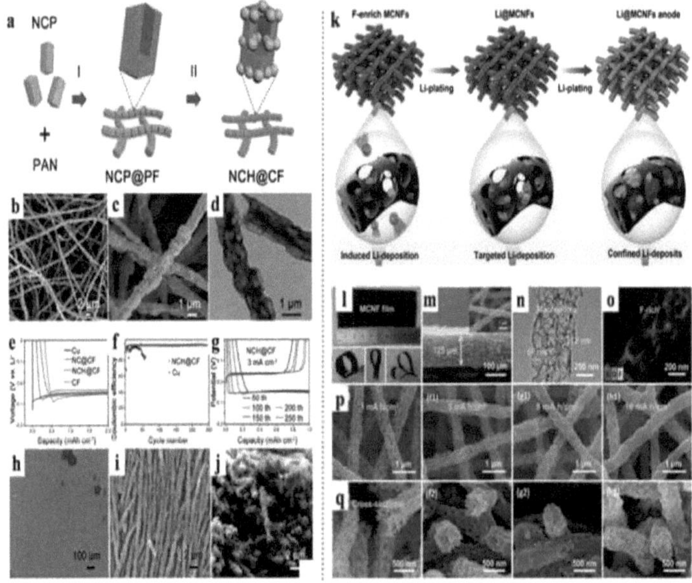

FIGURA 21. a) Ilustração esquemática do procedimento de fabricação deNCH@CFs. b, c) Imagens FESEM e d) TEM deNCH@CFs. e) Perfis de tensão do plaqueamento de Li em diferentes hospedeiros, f) CE e os perfis de tensão g) dos hospedeiros NCH@CF e Cu, h-j) Imagens FESEM do hospedeiro NCH@CF com capacidade de plaqueamento de 6 mAh- cm$^{'2}$. Reproduzido com permissão. [40] Copyright 2021, Wiley-VCH. k) Ilustração da deposição de lítio nas MCNFs. 1) Imagens ópticas dos MCNFs. m) Imagens SEM de secção transversal e vista superior de MCNFs. n) Imagem TEM e o) Mapeamento EDS de MCNFs. p, q) Imagens SEM de vista superior e secção transversal de as MCNFs com lítio revestido de l$^{'1}$0 mAh- cm$^{'2}$. Reproduzido com permissão.[110] Copyright 2021, Royal Sociedade Real de Química.

A electrospinning PCNFs com uma rede altamente condutora demonstrou grande aplicabilidade em servir como hospedeiros tanto para o cátodo de enxofre como para o ânodo de Li metálico, o que significa que as PCNFs elaboradas incorporadas com catálise ativa e locais de adsorção para mitigar o transporte de LiPS também poderiam ser utilizadas no ânodo de Li metálico para induzir o crescimento homogéneo de Li. Foi provado que muitos PCNFs de electrospinning incorporados com diversos compostos metálicos têm uma flexibilidade maravilhosa e uma excelente resistência mecânica, pelo que as baterias completas que utilizam membranas de PCNFs flexíveis como hospedeiros do cátodo e do ânodo podem ser fiáveis e praticáveis em dispositivos flexíveis. Como se mostra na Figura 22a-n, He et al.[36] apresentaram uma CoNi@PNCFs polivalente com múltiplos sítios adsorventes/catalíticos que podem servir simultaneamente no cátodo de enxofre e no ânodo de Li metálico. Os metais CoNi e os sítios metal-N-C dentro do esqueleto de carbono mesoporoso poderiam não só oferecer melhores interações com LiPSs como efeito de absorção e catálise, mas também induzir o crescimento homogéneo de núcleos de Li quando cooperam com a estrutura de rede 3D. A célula completa ALi-S foi montada com cátodo S/CoNi@PNCFs e ânodo Li/CoNi@PNCFs, enquanto o enxofre foi infundido na membrana CoNi@PNCFs através de um método de difusão por fusão modificado, e o metal Li foi colocado no suporte CoNi@PNCFs. Esta célula completa proporciona uma elevada capacidade específica de VSSmAh-g'[1] e um desempenho de ciclo longo a 5C com uma carga de enxofre de 1,5 mg-cm'[2] e revestimento de Li de cerca de 6mAh- cm'[2]. Além disso, foi demonstrada e avaliada uma célula de bolsa de Li-S altamente flexível utilizando este CoNi@PNCFs para todos os fins como hospedeiros de eléctrodos, o que é ainda mais esclarecedor na aplicação de eletrónica flexível. O nitreto de metal de transição (por exemplo, TiN, VN e MoN) e o óxido de metal (por exemplo, T1O2, V2O5 e MnOr) foram utilizados como aditivos de ancoragem para a sua forte adsorção química para LiPS. Recentemente, os pesquisadores descobriram que as heteroestruturas nascidas na junção das duas redes cristalinas diferentes de compostos metálicos possuem capacidade de eletrocatálise favorável para acelerar a transformação de LiPSs. Por exemplo, Zhou et al.[111] relataram uma heteroestrutura twinbom TÌO2-T1N carregada no grafeno como uma camada de revestimento separadora para restringir o transporte de LiPSs. Song et al.[(112)] efectuaram uma investigação semelhante, segundo a qual a heteroestrutura VO2-VN, como hospedeira de enxofre, poderia aliviar o transporte de LiPS e promover a cinética redox na transformação de LiPSs. Exceto para servir como hospedeiros de enxofre, a heteroestrutura de nitreto duplo incorporada nas CNFs de electrofiação também demonstrou ter um desempenho competente quando serve como hospedeiros de Li metálico. Como se mostra na Figura 22o-w,

Yu e colaboradores propuseram uma membrana de CNFs flexíveis e de dupla função em fato incorporado com a heteroestrutura TiN-VN (TiN-VN@CNFs) como esqueleto de suporte simultaneamente para o cátodo de enxofre e o ânodo de Li.2b Uma vez que as TiN-VN@CNFs possuem uma rede de CNFs 3D e sítios TiN-VN uniformemente distribuídos, o enxofre e o metal Li podem ser infiltrados no hospedeiro TiN-VN@CNFs através de um método de difusão fundida. Os TiN-VN@CNFs combinaram os méritos de uma forte capacidade de ancoragem para LiPSs, o efeito de catálise para a transformação de LiPS, a caraterística litiofílica e a regulação do fluxo de electrões/iões, realizando assim consideravelmente um desempenho de taxa superior, uma vida útil de ciclo ultralonga e quase 100% de eficiência coulombiana numa bateria completa Li-S acoplada.

Os materiais carbonáceos porosos demonstraram ser realizáveis como materiais hospedeiros de Li metálico para resolver o obstáculo relativo à deposição desigual de Li e ao crescimento acompanhado de dendritos de Li. Sendo uma tecnologia simples e inovadora, a técnica de electrospinning foi considerada como um precursor no fabrico de películas carbonosas porosas de grande escala, como as CNF porosas e os seus derivados. Em geral, as CNF porosas não dopadas não eram hospedeiras competentes do metal Li, especialmente num processo de difusão por fusão, devido à menor afinidade entre a superfície fresca do carbono e o metal Li líquido. Por conseguinte, o tratamento da superfície das CNF foi desenvolvido para estimular o processo de infusão de Li ou de revestimento de Li no esqueleto das CNF. Além disso, foi demonstrado que algumas CNFs de electrospinning modificadas com os nano sítios de compostos metálicos introduzidos no local são materiais hospedeiros adequados de metal Li devido à sua afinidade natural com o metal Li líquido ou iões Li+, o que significa que a dupla aplicabilidade de uma membrana específica de CNFs de electrospinning no cátodo de enxofre e no ânodo de metal Li das baterias LiS pode ser alcançada. Além disso, para além de substituir o coletor de corrente de folha de Cu e de servir diretamente como hospedeiro independente para o ânodo de Li metálico, a rede de CNFs de electrospinning também pode ser utilizada como uma camada modificada no coletor de corrente para guiar os iões Li+ para formar uma deposição uniforme de Li metálico, inibindo assim o crescimento de dendrite de Li. Em suma, as nanofibras baseadas em electrospinning são promissoras na substituição do coletor de corrente de Cu no ânodo de Li metálico, os novos eléctrodos compostos Li/CNFs e o ânodo de Li modificado com a camada funcional de nanofibras abrem uma nova janela para abordar as questões inerentes aos ânodos de Li.

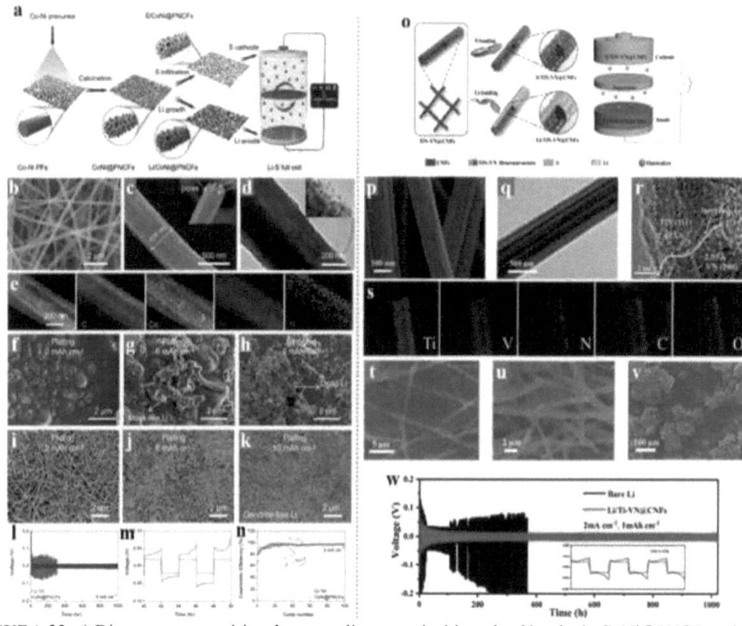

FIGURA 22. a) Diagrama esquemático dos procedimentos sintéticos do elétrodo de CoNi@PNCFs e de um relógio eletrónico alimentado por uma célula completa de Li-S, b, c) Imagens SEM de CoNi@PNCFs. d, e) Imagens TEM e imagens de mapeamento elementar de CoNi@PNCFs. f-h) Imagens SEM do elétrodo de Cu após 50 ciclos de revestimento/desbaste de Li, i-κ) elétrodo de CoNi@PNCFs após 50 ciclos de galvanização/descascamento com Li. 1) Desempenho em ciclos de longa duração dos eléctrodos de Cu e CoNi@PNCFs a densidades de corrente de 5 mA -cm^{-2} e capacidade de 10 mAh- cm^{-2}, m) entre 40 e 50 h, e n) CE dos eléctrodos de CoNi@PNCFs e Cu. Reproduzido com permissão^[361] Copyright 2020, Wiley-VCH. o) Esquema de síntese para o cátodo S/TiN-VN@CNFs, o ânodo Li/TiN-VN@CNFs e a configuração completa da bateria S/TiN-VN@CNFs || Li/TiN-VN@CNFs, p) Imagens SEM, q) Imagem TEM, r) Imagens de alta resolução TEM (HRTEM), e s) Imagens de mapeamento elementar TEM dos TiN-VN@CNFs. t) Imagens SEM do Li/TiN-VN@CNFs. Imagens SEM de u) Li/TiN-VN@CNFs e v) os eléctrodos de Li nus após 100 ciclos a 1 mA -cm^{-2} com uma capacidade fixa de 1 mAh- cm^{-2}, w) Desempenho cíclico entre células simétricas de Li nus e Li/TiN-VN@CNFs. Reproduzido com permissão. Direitos de autor 2020, Wiley-VCH.

6 .CONCLUSÃO E PERSPECTIVA

O desenvolvimento de uma tecnologia de armazenamento de energia eficiente e segura é fundamental para resolver a crescente crise das energias fósseis e a poluição ambiental que lhe está associada. Nos últimos anos, numerosos tipos de dispositivos de energia e novos materiais de armazenamento de energia têm sido amplamente utilizados e suscitado grande interesse por parte de investigadores de todo o mundo.

Entre elas, as baterias Li-S têm atraído muita atenção devido à sua intrínseca densidade energética ultraelevada. No entanto, a fraca condutividade do enxofre ativo no cátodo, o "efeito de vaivém" do LiPS intermédio e o ânodo metálico extremamente instável do Li impediram o desempenho real das baterias Li-S. Neste caso, as investigações relativas ao desenvolvimento e modificação dos materiais sobre o cátodo, a intercamada, o separador e o ânodo nas baterias Li-S têm estado em pleno andamento. Além disso, foram desenvolvidos e aplicados diversos materiais novos em cada componente do sistema de baterias Li-S para funcionarem como hospedeiros, aditivos funcionais e camadas modificadas. Os materiais de nanofibras baseados em electrospinning, incluindo nanofibras de carbono, nanofibras de polímeros, nanofibras inorgânicas, nanofibras compósitas, têm sido considerados materiais promissores em muitos campos de fronteira devido à sua grande área de superfície, capacidade de conceção estrutural, flexibilidade dos componentes, defeitos ajustáveis ou locais activos, estrutura 3D milagrosa e flexibilidade. Sem surpresa, os vários materiais de nanofibras baseados em electrospinning podem ser aplicados nas baterias de Li-S. A investigação descobriu que as funções dos materiais de nanofibras baseados em electrospinning podem ser bem adaptadas às principais exigências das baterias Li-S.

Nesta revisão, introduzimos a técnica básica de electrospinning e ilustrámos sistematicamente o seu potencial de aplicação nas baterias de Li-S. Quando combinada com outras tecnologias, como a CVD e os métodos hidrotérmicos, a diversidade e a funcionalidade das nanofibras baseadas em electrospinning podem ser ainda mais alargadas, permitindo assim uma aplicação flexível e orientada para os vários cenários de materiais para baterias. Na investigação atual relacionada com as baterias Li-S, os componentes principais no interior da bateria podem ser divididos principalmente em cátodo de enxofre, ânodo de Li metálico, separador e camada intermédia. Além disso, os investigadores também propuseram algumas soluções novas, como ânodos sem lítio e a utilização de LiPSs como recurso de enxofre. No entanto, todos estes métodos não conseguiram evitar os problemas vitais das baterias Li-S devido à contradição entre a cinética de reação da bateria e a difusão de LiPS, e a colocação de depósito de iões Li^+ . Ao resumir o recente avanço em numerosos materiais de nanofibras baseados em electrospinning para baterias de Li-S, elaborámos separadamente os cenários de aplicação dos materiais de nanofibras baseados em electrospinning nas partes principais das baterias de Li-S como cátodo, ânodo, separador e intercamada.

No lado do cátodo, as nanofibras carbonosas condutoras foram consideradas a escolha mais adequada para a fraca condutividade do enxofre ativo. Foram desenvolvidas e apresentadas várias abordagens de ajustamento estrutural das nanoestruturas compostas por nanofibras, de modo a garantir a maior quantidade possível de enxofre encapsulado nas nanoestruturas. Além disso, foram introduzidos grupos polares nas nanofibras durante o processo de electrospinning ou o processo hidrotérmico de acesso para melhorar o efeito de adsorção e catálise em relação aos LiPSs, melhorando assim o "efeito de vaivém". Quando servem como camadas intermédias, a natureza autónoma das nanofibras baseadas em electrospinning também mostrou as suas vantagens: 1) a estrutura porosa da rede 3D actuou como uma camada de interceção física natural; 2) o grupo polar absorvente incorporado na estrutura nano pode captar eficazmente os LiPS do eletrólito e retê-los nos nanoporos como reservatórios; 3) a conceção independente mostrou uma melhor liberdade para eliminar o complicado processo composto com o enxofre ativo. No entanto, é de salientar que as camadas intermédias introduzidas adicionalmente devem ser suficientemente leves e finas, caso contrário, a densidade de energia real de todo o sistema de bateria de Li-S seria afetada. Quando aplicadas nos separadores de células de Li-S, as películas de polímero de electrospinning também mostraram a sua superioridade, incluindo leveza, tamanho de poro ajustável e estabilidade térmica. No entanto, a espessura da película de electrospinning é normalmente superior à dos separadores de PP comerciais. Foram apresentados muitos tipos de investigação que demonstram que as nanofibras baseadas em electrospinning têm um bom desempenho na restrição dos LiPSs no lado do cátodo, conduzindo a uma melhor utilização do enxofre ativo e a uma vida útil superior. Também analisámos as estratégias de aplicação de nanofibras baseadas em electrospinning no ânodo de Li metálico. A estrutura de rede 3D condutora das nanofibras carbonáceas de electrospinning pode homogeneizar a distribuição de carga no ânodo e guiar o depósito de Li^+ no metal Li liso, inibindo assim os problemas de dendrite. E o tratamento de superfície das nanofibras carbonáceas de electrospinning provou ser eficiente na melhoria da afinidade de superfície com o Li^+ e o Li metálico líquido, o que indica que o Li metálico pode ser confinado na estrutura nano de electrospinning para construir um ânodo CNFs/Li através do método de revestimento ou de difusão por fusão, que é semelhante à estratégia de hospedeiros de enxofre no cátodo. Quando comparados com o revestimento tradicional do ânodo de Li no coletor de corrente de folha de Cu, estes novos ânodos CNFs/Li proporcionaram um processo de deposição/descarga de Li mais suave, bem como uma melhor eficiência coulombiana. Além disso, foram desenvolvidas nas baterias de Li-S algumas concepções inovadoras de materiais baseadas em nanofibras de electrospinning, tais como separador funcional hierárquico, integração de elétrodo e separador e hospedeiros de dupla função para cátodo e ânodo.

Os muitos trabalhos analisados neste documento demonstraram o potencial de materiais de nanofibras baseadas em electrospinning na promoção da aplicação prática de baterias Li-S. No entanto, vale a pena mencionar que ainda existem alguns obstáculos rigorosos no caminho da comercialização das baterias de Li-S, e as abordagens dos eléctrodos de nanofibras baseadas em electrospinning ainda têm as suas deficiências à espera de serem ultrapassadas. Por exemplo: 1) A estrutura porosa das nanofibras dificulta a obtenção de uma alta densidade de eletrodo, o que é essencial para melhorar a densidade de energia da célula de bolsa multicamada; 2) Do ponto de vista da síntese industrial e da aplicação comercial, a baixa taxa de produção de difusão por fusão e processo de revestimento resulta em um alto custo do eletrodo baseado em nanofibras; 3) A ligação fiável entre as nanofibras porosas e as ligas ainda não é, em princípio, fácil, o que significa que os eléctrodos autónomos baseados em nanofibras têm de cooperar com a folha adicional de Al/Cu, o que poderia proporcionar separadores fiáveis nas células de bolsa Li-S, o que reduz indubitavelmente a densidade energética prática da bateria.

Embora ainda existam muitos desafios para a aplicação prática das baterias de Li-S, as nanotecnologias em rápido desenvolvimento, como a electrospinning, têm proporcionado ondas de otimismo de que os materiais e a estrutura avançados podem realizar cátodos e ânodos promissores baseados em nanofibras nas baterias de Li-S para permitir o armazenamento de energia da próxima geração. Esta revisão está preparada para abrir caminho para os principais campos de materiais de nanofibras baseados em electrospinning, o que estimulará mais trabalho para promover a aplicação prática das baterias de Li-S.

AGRADECIMENTOS

Y.W. e Y.Z. contribuíram igualmente para este trabalho. O trabalho foi apoiado pela Fundação Nacional de Ciências Naturais da China (n.º U2004172, 51972287 e 51502269), pela Fundação de Ciências Naturais da Província de Henan (n.º 202300410368) e pela Fundação para Professores Universitários da Província de Henan (n.º 2020GGJS009).

REFERÊNCIAS

[1] S. Lu, Y. Cheng, X. Wu, J. Liu, Nano Lett. 2013, 13, 2485; b) M. Li, J. Lu, Z. Chen, K. Amine, Adv. Mater. 2018, 30, 1800561.

[2] a) X. Ji, K. T. Lee, L. F. Nazar, Nat. Mater. 2009, 8, 500; b) Y. Yao, H. Wang, H. Yang, S. Zeng, R. Xu, F. Liu, P. Shi, Y. Feng, K. Wang, W. Yang, X. Wu, W. Luo, Y. Yu, Adv. Mater. 2020, 32, 1905658; c) Z. Wang, J. Liu, B. Zhang, L. Sun, L. Cong, L. Lu, A. Mauger, C. M. Julien, H. Xie, H. Sun, Material de armazenamento de energia. 2020, 24, 373; d) M. Wang, L. Fan, X. Sun, B. Guan, B. Jiang, X. Wu, D. Tian, K. Sun, Y. Qiu, X. Yin, Y. Zhang, N. Zhang, Acs Energy Lett. 2020, 5, 3041; e) J. Wang, G. Li, D. Luo, Y. Zhang, Y. Zhao, G. Zhou, L. Shui, X. Wang, Z. Chen, Adv. Energy Mater. 2020, 10, 2002076; f) S. Zhang, Y. Zhang, G. Shao, P. Zhang, Nano Res. 2021, DOI: 10.1007/S12274-021-3319-X.

[3] a) M. Wei, P. Yuan, W. Chen, J. Hu, J. Mao, G. Shao, Electrochim. Ata 2015, 178, 564; b) C. de las Casas, W. Li, J. Power Sources 2012, 208, 74; c) H. Shi, X. Ren, J. Lu, C. Dong, J. Liu, Q. Yang, J. Chen, Z. S. Wu, Adv. Energy Mater. 2020, 10, 2002271; d) P. G. Bruce, S. A. Freunberger, L. J. Hardwick, J. M. Tarascon, Nat. Mater. 2012, 11, 19; e) P. Zhang, Y. Li, Y. Zhang, R. Hou, X. Zhang, C. Xue, S. Wang, B. Zhu, N. Li, G. Shao, Métodos Pequenos 2020, 4, 2000214.

[4] a) Y. S. Su, A. Manthiram, Nat. Commun. 2012, 3, 1166; b) H. Al Salem, G. Babu, C. V. Rao, L. M. R. Arava, J. Am. Chem. Soc. 2015, 137, 11542; c) Z. Li, J. Zhang, X. W. Lou, Angew. Chem. Int. Ed. 2015, 54, 12886. d) Y. Li, P. Zhang, D. Wan, C. Xue, J. Zhao, G. Shao, Appi. Surf. Sci. 2020, 504, 144361. e) P. Zhang, Z. Li, S. Zhang, G. Shao, Energy Environ. Mater. 2018, 1, 5. f) T. Zhao, Y. Ye, X. Peng, G. Divitini, H.-K. Kim, C.-Y. Lao, P. R. Coxon, K. Xi, Y. Liu, C. Ducati, R. Chen, R. V. Kumar, Adv. Funct. Mater. 2016, 26, 8418.

[5] a) Y. He, Z. Chang, S. Wu, H. Zhou, J. Mater. Chem. A 2018, 6, 6155; b) L. Yuan, X. Qiu, L. Chen, W. Zhu, J. Power Sources 2009, 189, 127; c) M. Wang, X. Xia, Y. Zhong, J. Wu, R. Xu, Z. Yao, D. Wang, W. Tang, X. Wang, J. Tu, Chem. Eur. J. 2019, 25, 3710.

[6] a S. Zhang, K. Ueno, K. Dokko, M. Watanabe, Adv. Energy Mater. 2015, 5, 1500117.

[7] a) F. Y. Fan, W. C. Carter, Y. M. Chiang, Adv. Mater. 2015, 27, 5203; b) L. C. H. Gerber, P. D. Frischmann, F. Y. Fan, S. E. Doris, X. Qu, A. M. Scheuermann, K. Persson, Y. M. Chiang, BA Helms, Nano Lett. 2016, 16, 549.

[8] Q. Song, H. Yan, K. Liu, K. Xie, W. Li, W. Gai, G. Chen, H. Li, C. Shen, Q. Fu, S. Zhang, L. Zhang, B. Wei, Adv. Energy Mater. 2018, 8, 1800564.
[9] a) Y. Chen, T. Wang, H. Tian, D. Su, Q. Zhang, G. Wang, Adv. Mater. 2021, n/a, 2003666; b) A. Singh, V. Kalra, J. Mater. Chem. A 2019, 7,11613.
[10] J. H. Kim, Y. H. Lee, S. J. Cho, J. G. Gwon, H. J. Cho, M. Jang, S. Y. Lee, S. Y. Lee, Energy Environ. Sci. 2019, 12, 177.
[11] a) A. Manthiram, Y. Fu, S. H. Chung, C. Zu, Y. S. Su, Chem. Rev. 2014, 114, 11751; b)N. Deng, Y. Liu, Q. Li, J. Yan, W. Lei, G. Wang, L. Wang, Y. Liang, W. Kang, B. Cheng, Energy Storage Mater. 2019, 23, 314; c) N. Deng, W. Kang, Y. Liu, J. Ju, D. Wu, L. Li, B. S. Hassan, B. Cheng, J. Power Sources 2016, 331, 132; d) S. G. Kim, J. S. Lee, Journal of Materials Chemistry B 2021, 9, 6076; e) S. G. Kim, J. Jun, Y. K. Kim, J. Kim, J. S. Lee, J. Jang, ACS Appi. Mater. Interfaces 2020, 12, 20613.
[1]]a) N. Deng, L. Wang, Y. Feng, M. Liu, Q. Li, G. Wang, L. Zhang, W. Kang, B. Cheng, Y. Liu, Chem. Eng. J. 2020, 388, 124241; b) Y. Ouyang, W. Zong, J. Wang, Z. Xu, L. Mo, F. Lai, Z. L. Xu, Y. E. Miao, T. Liu, Energy Storage Mater. 2021, 42, 68.
[13] C. Zhou, J. Wang, X. Zhu, K. Chen, Y. Ouyang, Y. Wu, Y. E. Miao, T. Liu, Nano Res. 2021, 14, 1541.
[14] J. Chen, Z. Bo, G. Lu, em Vertically-Oriented Graphene: PECVD Synthesis and Applications, DOI: 10.1007/978-3-319-[1]5302-5_2 (Eds: J. Chen, Z. Bo, G. Lu), Springer International Publishing, Cham 2015,p. 11.
[15]a) X. Gu, Y. Wang, C. Lai, J. Qiu, S. Li, Y. Hou, W. Martens, N. MAh-mood, S. Zhang, Nano Res. 2015, 8, 129; b) R. Fang, S. Zhao, S. Pei, X. Qian, P. X. Hou, H. M. Cheng, C. Liu, F. Li, ACS Nano 2016, 10, 8676; c) R. Fang, G. Li, S. Zhao, L. Yin, K. Du, P. Hou, S. Wang, H. M. Cheng, C. Liu, F. Li, Nano Energy 2017, 42, 205; d) J. Q. Huang, T. Z. Zhuang, Q. Zhang, H. J. Peng, C. M. Chen, F. Wei, ACS Nano 2015, 9, 3002; e) S. Zhang, W. Xiao, Y. Zhang, K. Liu, X. Zhang, J. Zhao, Z. Wang, P. Zhang, G. Shao, J. Mater. Chem. A 2018, 6, 22555.
[16]a) Y. Wang, R. Zhang, J. Chen, H. Wu, S. Lu, K. Wang, H. Li, C. J. Harris, K. Xi, R. V. Kumar, S. Ding, Adv. Energy Mater. 2019, 9, 1900953; b) Z. Wei Seh, W. Li, J. J. Cha, G. Zheng, Y. Yang, M. T. McDowell, P. C. Hsu, Y. Cui, Nat. Commun. 2013, 4, 1331; c) Z. Li, J. Zhang, B. Guan, D. Wang, L. M. Liu, X. W. Lou, Nat. Commun. 2016, 7, 13065; d) Z. Li, B. Y. Guan, J. Zhang, X. W. Lou, Joule 2017,1, 576.
[17]a) J. Balach, T. Jaumann, M. Klose, S. Oswald, J. Eckert, L. Giebeler, Adv. Funct. Mater. 2015, 25, 5285; b) M. H. Ryou, D. J. Lee, J. N. Lee, Y. M. Lee, J. K. Park, J. W. Choi, Adv. Energy Mater. 2012, 2, 645; c) Y. Wang, S. Wang, J. Fang, L. X. Ding, H. Wang, J. Membr. Sci. 2017, 537, 248; d) J. Q. Huang, Q. Zhang, F. Wei, Energy Storage Mater. 2015, 1, 127.
[18]W. Luo, L. Zhou, K. Fu, Z. Yang, J. Wan, M. Manno, Y. Yao, H. Zhu, B. Yang, L. Hu, Nano Lett. 2015, 15, 6149.
[19]C. Zhou, Q. He, Z. Li, J. Meng, X. Hong, Y. Li, Y. Zhao, X. Xu, L. Mai, Chem. Eng. J. 2020, 395, 124979.
[20]a) X. B. Cheng, J. Q. Huang, Q. Zhang, J. Electrochem. Soc. 2017, 165, A6058; b) S. H. Lee,

J. R. Harding, D. S. Liu, J. M. D'Arcy, Y. Shao-Horn, P. T. Hammond, Chem. Mater. 2014, 26, 2579.J. Doshi, D. H. Reneker, J. Electrost. 1995, 35,151.
[21] Xue, T. Wu, Y. Dai, Y. Xia, Chem. Rev. 2019, 119, 5298.
[22]L. Ji, M. Rao, S. Aloni, L. Wang, E. J. Cairns, Y. Zhang, Energy Environ. Sci. 2011, 4, 5053.
[23] M. Rao, X. Geng, X. Li, S. Hu, W. Li, J. Power Sources 2012, 212, 179.
[24]T. H. Hwang, D. S. Jung, J. S. Kim, B. G. Kim, J. W. Choi, Nano Lett. 2013, 13, 4532.
[25] Y. Wu, M. Gao, X. Li, Y. Liu, H. Pan, J. Alloys Compd. 2014, 608, 220.
[26] J. Wang, Y. Yang, F. Kang, Electrochim. Ata 2015, 168, 271.
[27]F. Wu, L. Shi, D. Mu, H. Xu, B. Wu, Carbono 2015, 86, 146.
[28] Z. Li, J. T. Zhang, Y. M. Chen, J. Li, X. W. Lou, Nat. Commun. 2015, 6, 8850.
[29] Y. Liu, D. Lin, Z. Liang, J. Zhao, K. Yan, Y. Cui, Nat. Commun. 2016, 7, 10992.
[30] J. Zhang, Z. Li, X. W. Lou, Angew. Chem. Int. Ed. 2017, 56, 14107.
[31] J. H. Yun, J. H. Kim, D. K. Kim, H. W. Lee, Nano Lett. 2018, 18, 475.
[32]G. Li, W. Lei, D. Luo, Y. Deng, Z. Deng, D. Wang, A. Yu, Z. Chen, Energy Environ. Sci. 2018, 11, 2372.
[33] J. Yan, K. Dong, Y. Zhang, X. Wang, A. A. Aboalhassan, J. Yu, B. Ding, Nat. Commun. 2019, 10, 5584.
[34] J. Wang, G. Yang, J. Chen, Y. Liu, Y. Wang, C. Y. Lao, K. Xi, D. Yang, C. J. Harris, W. Yan, S. Ding, R. V. Kumar, Adv. Energy Mater. 2019, 9, 1902001.
[35] Y. He, M. Li, Y. Zhang, Z. Shan, Y. Zhao, J. Li, G. Liu, C. Liang, Z. Bakenov, Q. Li, Adv. Funct. Mater. 2020, 30, 2000613.
[36] R. Hou, S. Zhang, P. Zhang, Y. Zhang, X. Zhang, N. Li, Z. Shi, G. Shao, J. Mater. Chem. A2020, 8, 25255.
[37] L. Ji, X. Wang, Y. Jia, Q. Hu, L. Duan, Z. Geng, Z. Niu, W. Li, J. Liu, Y. Zhang, S. Feng, Adv. Funct. Mater. 2020, 30, 1910533.
[38] Y. Zhang, P. Zhang, S. Zhang, Z. Wang, N. Li, S. R. P. Silva, G. Shao, InfoMat 2021, 3, 790.
[39] C. Chen, J. Guan, N. W. Li, Y. Lu, D. Luan, C. H. Zhang, G. Cheng, L. Yu, X. W. Lou, Adv. Mater. 2021,33, 2100608.
[40] Y. Zhang, S. Yang, S. Zhou, L. Zhang, B. Gu, Y. Dong, S. Kong, D. Cai, G. Fang, H. Nie, Z. Yang, Chem. Commun. 2021, 2021, 57, 3255.
[41] Y. Fang, S. L. Zhang, Z. P. Wu, D. Luan, X. W. Lou, *Sci. Adv.* **2021,** 7, eabg3626.
[42] a) B. Zhang, C. Luo, Y. Deng, Z. Huang, G. Zhou, W. Lv, Y. B. He, Y. Wan, F. Kang, Q. H. Yang, Adv. Energy Mater. 2020, 10, 2000091; b) K. Liu, X. Zhang, F. Miao, Z. Wang, S. Zhang, Y. Zhang, P. Zhang, G. Shao, Small 2021, 17, 2100065.
[43] Y. Gao, Q. Guo, Q. Zhang, Y. Cui, Z. Zheng, Adv. Energy Mater. 2021, 11, 2002580.
[44]X. Li, W. Chen, Q. Qian, H. Huang, Y. Chen, Z. Wang, Q. Chen, J. Yang, J. Li, Y.-W. Mai, Adv. Energy Mater. 2021,11, 2000845.
[45]B. Zhang, F. Kang, J. M. Tarascon, J. K. Kim, Prog. Mater Sci. 2016, 76, 319.
[46] S. V. Fridrikh, J. H. Yu, M. P. Brenner, G. C. Rutledge, Phys. Rev. Lett. 2003, 90, 144502.
[47]N. Amiraliyan, M. Nouri, M. H. Kish, J. Appi. Polym. Sci. 2009, 113, 226.

[48] A. K. Haghi, M. Akbari, physica status solidi (a) 2007, 204, 1830.
[49]K. H. Lee, H. Y. Kim, H. J. Bang, Y. H. Jung, S. G. Lee, Polymer 2003, 44, 4029.
[50]a) S. Y. Gu, J. Ren, Q. L. Wu, Synth. Met. 2005, 155, 157; b) J. Bai, Y. Li, M. Li, S. Wang, C. Zhang, Q. Yang, Appi. Surf. Sci. 2008, 254, 4520; c) A. Koski, K. Yim, S. Shivkumar, Mater. Lett. 2004, 58, 493; d) P. Gupta, G. L. Wilkes, Polymer 2003, 44, 6353.
[51]a) H. Qu, S. Wei, Z. Guo, J. Mater. Chem. A2013, 1, 11513; b) B. Zaarour, L. Zhu, C. Huang, X. Jin, J. Appi. Polym. Sci. 2019, 136, 47049; c) M. A. Alfaro De Prá, R. M. Ribeiro-do-Valle, M. Maraschin, B. Veleirinho, Mater. Lett. 2017, 193, 154.
[52]L. F. Chen, Y. Feng, H. W. Liang, Z. Y. Wu, S. H. Yu, Adv. Energy Mater. 2017, 7, 1700826.
[53]L. Fan, M. Li, X. Li, W. Xiao, Z. Chen, J. Lu, Joule 2019, 3, 361.
[54]M. Liu, N. Deng, J. Ju, L. Fan, L. Wang, Z. Li, H. Zhao, G. Yang, W. Kang, J. Yan, B. Cheng, Adv. Funct. Mater. 2019, 29, 1905467.
[55] Y. Li, Q. Li, Z. Tan, J. Power Sources 2019, 443, 227262.
[56] T. Lei, W. Chen, Y. Hu, W. Lv, X. Lv, Y. Yan, J. Huang, Y. Jiao, J. Chu, C. Yan, C. Wu, Q. Li, W. He, J. Xiong, Adv. Energy Mater. 2018, 8, 1802441.
[57] a) M. Kotobuki, H. Munakata, K. Kanamura, Y. Sato, T. Yoshida, J. Electrochem. Soc. 2010,157, A1076; b) D. Li, L. Cao, C. Liu, G. Cao, J. Hu, J. Chen, G. Shao, Appi. Surf. Sci. 2019, 493, 1326; c) M. Ue, K. Uosaki, Curr. Opin. Electrochem. 2019, 17, 106.
[58]H. Ye, S. Xin, Y. X. Yin, Y. G. Guo, Adv. Energy Mater. 2017, 7, 1700530.
[59]a) P. Zhang, L. Wang, X. Zhang, C. Shao, J. Hu, G. Shao, Appi. Catal., B 2015, 166'167, 193; b) F. He, J. Ye, Y. Cao, L. Xiao, H. Yang, X. Ai, ACS Appi. Mater. Interfaces 2017, 9, 11626; c) X. Cai, W. Liu, S. Yang, S. Zhang, Q. Gao, X. Yu, J. Li, H. Wang, Y. Fang, Adv. Mater. Interfaces 2019, 6, 1801800.
[58] a) B. Campbell, J. Bell, H. Hosseini Bay, Z. Favors, R. lonescu, C. S. Ozkan, M. Ozkan, Nanoscale 2015, 7, 7051; b) X. Liu, J. Q. Huang, Q. Zhang, L. Mai, Adv. Mater. 2017, 29, 1601759.
[61] Y. T. Liu, S. Liu, G. R. Li, X. P. Gao, Adv. Mater. 2021,33, 2003955.
[62] a) K. Yu, X. Pan, G. Zhang, X. Liao, X. Zhou, M. Yan, L. Xu, L. Mai, Adv. Energy Mater. 2018, 8, 1802369; b) M. Zhang, W. Chen, L. Xue, Y. Jiao, T. Lei, J. Chu, J. Huang, C. Gong, C. Yan, Y. Yan, Y. Hu, X. Wang, J. Xiong, Adv. Energy Mater. 2020, 10, 1903008.
[63] a) X. Fan, C. Yu, J. Yang, Z. Ling, C. Hu, M. Zhang, J. Qiu, Adv. Energy Mater. 2015, 5, 1401761; b) L. F. Chen, Z. H. Huang, H. W. Liang, H. L. Gao, S. H. Yu, Adv. Funct. Mater. 2014, 24, 5104.
[64] Y. Chen, X. Li, K. S. Park, J. Hong, J. Song, L. Zhou, Y. W. Mai, H. Huang, J. B. Goodenough, J. Mater. Chem. A 2014, 2, 10126.
[65]Z. L. Xu, J. Q. Huang, W. G. Chong, X. Qin, X. Wang, L. Zhou, J. K. Kim, Adv. Energy Mater. 2017, 7, 1602078.
[66]D. Yang, W. Ni, J. Cheng, Z. Wang, T. Wang, Q. Guan, Y. Zhang, H. Wu, X. Li, B. Wang, Appi. Surf. Sci. 2017, 413, 209.

[67]L. Lin, F. Pei, J. Peng, A. Fu, J. Cui, X. Fang, N. Zheng, Nano Energy 2018, 54, 50.
[68]a) M. Nagao, A. Hayashi, M. Tatsumisago, J. Mater. Chem. 2012, 22, 10015; b) K. Cai, M. K. Song, E. J. Cairns, Y. Zhang, Nano Lett. 2012, 12, 6474; c) K. Han, J. Shen, C. M. Hayner, H. Ye, M. C. Kung, H. H. Kung, J. Power Sources 2014, 251, 331; d) Z. Yang, J. Guo, S. K. Das, Y. Yu, Z. Zhou, H. D. Abruña, L. A. Archer, J. Mater. Chem. A2013, 1, 1433.
[69] Z. W. Seh, J. H. Yu, W. Li, P. C. Hsu, H. Wang, Y. Sun, H. Yao, Q. Zhang, Y. Cui, Nat. Commun. 2014, 5, 5017.
[70]M. Yu, Z. Wang, Y. Wang, Y. Dong, J. Qiu, Adv. Energy Mater. 2017, 7, 1700018.
[71]a) M. Zhao, H. J. Peng, B. Q. Li, X. Chen, J. Xie, X. Liu, Q. Zhang, J. Q. Huang, Angew. Chem. Int. Ed. 2020, 59, 9011; b) Y. Liang, C. Z. Zhao, H. Yuan, Y. Chen, W. Zhang, J. Q. Huang, D. Yu, Y. Liu, M. M. Titirici, Y. L. Chueh, H. Yu, Q. Zhang, InfoMat 2019, 1, 6; c) H. Yuan, H. J. Peng, J. Q. Huang, Q. Zhang, Adv. Mater. Interfaces 2019, 6, 1802046; d) Q. Pang, X. Liang, C.
Y. Kwok, L. F. Nazar, Nat. Energy 2016,1,16132.
[72] a) D. Wang, S. Zhao, F. Li, L. He, Y. Zhao, H. Zhao, Y. Liu, Y. Wei, G. Chen, ChemSusChem 2019, 12, 4671; b) S. Wang, Z. Yang, H. Zhang, H. Tan, J. Yu, J. Wu, Electrochim. Ata 2013, 106, 307; c) J. Y. Hwang, H. M. Kim, S. K. Lee, J. H. Lee, A. Abouimrane, M. A. Khaleel, I. Belharouak, A. Manthiram, Y. K. Sun, Adv. Energy Mater. 2016, 6, 1501480; d) X. Tao, J. Wang, C. Liu, H. Wang, H. Yao, G. Zheng, Z. W. Seh, Q. Cai, W. Li, G. Zhou, C. Zu, Y. Cui, Nat. Commun. 2016, 7, 11203.
[73] Y. Zhang, P. Zhang, B. Li, S. Zhang, K. Liu, R. Hou, X. Zhang, S. R. P. Silva, G. Shao, Energy StorageMater. 2020, 27, 159.
[74] X. Song, T. Gao, S. Wang, Y. Bao, G. Chen, L. X. Ding, H. Wang, J. Power Sources 2017, 356, 172.
[75] S. Zhang, P. Zhang, R. Hou, B. Li, Y. Zhang, K. Liu, X. Zhang, G. Shao, J. Energy Chem. 2020, 47, 281.
[76] A. Singh, V. Kalra, ACS Appi. Mater. Interfaces 2018, 10, 37937.
[77] S. Zhou, J. Liu, F. Xie, Y. Zhao, T. Mei, Z. Wang, X. Wang, J. Mater. Chem. A2020, 8, 11327.
[78] P. Zhu, J. Zhu, C. Yan, M. Dirican, J. Zang, H. Jia, Y. Li, Y. Kiyak, H. Tan, X. Zhang, Adv. Mater. Interfaces 2018, 5, 1701598.
[79] X. Zhang, P. Zhang, S. Zhang, Y. Zhang, R. Hou, K. Liu, F. Miao, G. Shao, J. Energy Chem. 2020, 51, 378.
[80] Y. T. Liu, D. D. Han, L. Wang, G. R. Li, S. Liu, X. P. Gao, Adv. Energy Mater. 2019, 9, 1803477. [81]X. Qian, X. Yang, L. Jin, D. Rao, S. Yao, X. Shen, K. Xiao, S. Qin, J. Xiang, Mater. Res. Bull. 2017, 95, 402.
[82] X. Wang, Y. Qian, L. Wang, H. Yang, H. Li, Y. Zhao, T. Liu, Adv. Funct. Mater. 2019, 29, 1902929. [83]a) S. H. Chung, A. Manthiram, Chem. Commun. 2014, 50, 4184; b) Y. C. Jeong, J. H. Kim, S. Nam, C. R. Park, S. J. Yang, Adv. Funct. Mater. 2018, 28, 1707411.
[84] a) Y. Fan, Z. Yang, W. Hua, D. Liu, T. Tao, M. M. Rahman, W. Lei, S. Huang, Y. Chen,

Adv. Energy Mater. 2017, 7, 1602380; b) P. Guo, D. Liu, Z. Liu, X. Shang, Q. Liu, D. He, Electrochim. Ata 2017, 256, 28; c) Y. Dong, S. Zheng, J. Qin, X. Zhao, H. Shi, X. Wang, J. Chen, Z. S. Wu, ACSNano 2018, 12, 2381.

[85] X. Wang, X. Zhao, C. Ma, Z. Yang, G. Chen, L. Wang, H. Yue, D. Zhang, Z. Sun, J. Mater. Chem. A 2020, 8, 1212.

[86] Y. Peng, Y. Zhang, Y. Wang, X. Shen, F. Wang, H. Li, B. J. Hwang, J. Zhao, ACS Appi. Mater. Interfaces 2017, 9, 29804.

[87]T. Zhao, Y. Ye, C. Y. Lao, G. Divitini, P. R. Coxon, X. Peng, X. He, H. K. Kim, K. Xi, C. Ducati, R. Chen, Y. Liu, S. Ramakrishna, R. V. Kumar, Small 2017, 13, 1700357.

[88]a) F. Pei, L. Lin, A. Fu, S. Mo, D. Ou, X. Fang, N. Zheng, Joule 2018, 2, 323; b) G. Xu, Q. b. Yan, S. Wang, A. Kushima, P. Bai, K. Liu, X. Zhang, Z. Tang, J. Li, Chem. Sci. 2017, 8, 6619; c) B. Wang, W. Guo, Y. Fu, ACS Appi. Mater. Interfaces 2020, 12, 5831.

[89]B. Qi, X. Zhao, S. Wang, K. Chen, Y. Wei, G. Chen, Y. Gao, D. Zhang, Z. Sun, F. Li, J. Mater. Chem. A2018, 6, 14359.

[90] S. Bai, X. Liu, K. Zhu, S. Wu, H. Zhou, Nat. Energy 2016, 1, 16094.

[91] S. Song, L. Shi, S. Lu, Y. Pang, Y. Wang, M. Zhu, D. Ding, S. Ding, J. Membr. Sci. 2018, 563, 277.

[92] X. Yu, H. Wu, J. H. Koo, A. Manthiram, Adv. Energy Mater. 2020, 10, 1902872.

[93]X. Zhu, Y. Ouyang, J. Chen, X. Zhu, X. Luo, F. Lai, H. Zhang, Y. E. Miao, T. Liu, J. Mater. Chem. A2019, 7, 3253.

[94]M. Hu, Q. Ma, Y. Yuan, Y. Pan, M. Chen, Y. Zhang, D. Long, Chem. Eng. J. 2020, 388, 124258. [95]Z. Zhou, B. Chen, T. Fang, Y. Li, Z. Zhou, Q. Wang, J. Zhang, Y. Zhao, Adv. Energy Mater. 2020, 10, 1902023.

[96] Y. He, Z. Chang, S. Wu, Y. Qiao, S. Bai, K. Jiang, P. He, H. Zhou, Adv. Energy Mater. 2018, 8, 1802130.

[97]P. Zhu, C. Yan, J. Zhu, J. Zang, Y. Li, H. Jia, X. Dong, Z. Du, C. Zhang, N. Wu, M. Dirican, X. Zhang, Material de armazenamento de energia. 2019, 17, 220.

[98]K. Fu, Y. Gong, J. Dai, A. Gong, X. Han, Y. Yao, C. Wang, Y. Wang, Y. Chen, C. Yan, Y. Li, E. D. Wachsman, L. Hu, Proceedings of the National Academy of Sciences 2016, 113, 7094.

[99]D. H. Kim, Y. H. Lee, Y. B. Song, H. Kwak, S. Y. Lee, Y. S. Jung, Acs Energy Lett. 2020, 5, 718. [100] a) H. Liu, X. Liu, W. Li, X. Guo, Y. Wang, G. Wang, D. Zhao, Adv. Energy Mater. 2017, 7, 1700283; b) X. Q. Zhang, C. Z. Zhao, J. Q. Huang, Q. Zhang, Engenharia 2018, 4, 831; c) C. Lee, S. Y. Han, J. A. Lewis, P. P. Shetty, D. Yeh, Y. Liu, E. Klein, H. W. Lee, M. T. McDowell, Acs Energy Lett. 2021, 6, 3261.

[101] X. Shen, Y. Li, T. Qian, J. Liu, J. Zhou, C. Yan, J. B. Goodenough, Nat. Commun. 2019, 10, 900.

[102] F. Ding, W. Xu, G. L. Graff, J. Zhang, M. L. Sushko, X. Chen, Y. Shao, M. H. Engelhard, Z. Nie, J. Xiao, X. Liu, P. V. Sushko, J. Liu, J. G. Zhang, J. Am. Chem. Soc. 2013, 135, 4450.

[103] W. Zhou, S. Wang, Y. Li, S. Xin, A. Manthiram, J. B. Goodenough, J. Am. Chem. Soc. 2016, 138, 9385.

[104] G. Zheng, S. W. Lee, Z. Liang, H. W. Lee, K. Yan, H. Yao, H. Wang, W. Li, S. Chu, Y. Cui, Nat. Nanotechnol. 2014, 9, 618.
[105] A. Zhang, X. Fang, C. Shen, Y. Liu, C. Zhou, Nano Res. 2016, 9, 3428.
[106] Z. Wang, X. Wang, W. Sun, K. Sun, Electrochim. Ata 2017, 252, 127.
[107] Y. X. Ren, L. Zeng, H. R. Jiang, W. Q. Ruan, Q. Chen, T. S. Zhao, Nat. Commun. 2019, 10,
3249.
[108] J. Cui, S. Yao, M. Ihsan-Ul-Haq, J. Wu, J. K. Kim, Adv. Energy Mater. 2019, 9, 1802777.
[109] Y. Zhao, B. Chen, S. Xia, J. Yu, J. Yan, B. Ding, J. Mater. Chem. A2021, 9, 5381.
[110] T. Zhou, W. Lv, J. Li, G. Zhou, Y. Zhao, S. Fan, B. Liu, B. Li, F. Kang, Q. H. Yang, Energia
Environ. Sci. 2017, 10, 1694.
[111] Y. Song, W. Zhao, L. Kong, L. Zhang, X. Zhu, Y. Shao, F. Ding, Q. Zhang, J. Sun, Z. Liu, EnergyEnviron. Sci. 2018, 11, 2620.
[112] J. Yan, Y. Han, S. Xia, X. Wang, Y. Zhang, J. Yu, B. Ding, Adv. Funct. Mater. 2019, 29, 1907919.
[113] C. Lu, S. W. Chiang, H. Du, J. Li, L. Gan, X. Zhang, X. Chu, Y. Yao, B. Li, F. Kang, Polymer 2017, 115, 52.
[114] T. Busolo, D. P. Ura, S. K. Kim, M. M. Marzec, A. Bernasik, U. Stachewicz, S. Kar-Narayan, NanoEnergy2019, 57, 500.
[115] T. Uyar, F. Besenbacher, Polymer 2008, 49, 5336.

PERGUNTAS E EXERCÍCIOS

1. Quais são as vantagens e os problemas das baterias de lítio-enxofre como sistema alternativo de armazenamento de energia da próxima geração?
2. A capacidade teórica do enxofre é de 1675 mAh g'^{1}. Como é calculada esta capacidade teórica?
3. Escreva em pormenor a fórmula de reação interna da pilha de lítio-enxofre.
4. Quais são as vantagens da tecnologia de electrospinning?

CAPÍTULO 2

Um eletrólito em gel multifuncional retardador de fogo para permitir a utilização de Li Baterias S com maior condutividade de iões de lítio e eficazmente Inibição do transporte de polissulfuretos

Conteúdo

1. INTRODUÇÃO

Entre as várias baterias de lítio emergentes, as baterias de lítio-enxofre (Li-S) são particularmente atractivas devido ao seu grande potencial teórico para fornecer uma densidade de energia muito elevada (2600 Wh kg^{-1}) e uma capacidade específica (1675 mAh g^{-1}) [1-5]. Além disso, o enxofre como matéria ativa no cátodo é abundante em recursos naturais, não tóxico e barato [6-9]. No entanto, a comercialização de baterias de Li-S continua a ser infamemente dificultada pelo "efeito de vaivém" causado pelos polissulfuretos de lítio e pelo crescimento de dendrite de lítio, o que acaba por conduzir a uma utilização bastante limitada de S e a um desempenho decepcionantemente fraco em termos de ciclos [10-13]. Mais importante ainda, a crescente complexidade das condições de serviço e o tempo de funcionamento necessariamente mais longo também elevam a fasquia para uma segurança muito maior das baterias [14-17]. É sabido que a segurança das baterias de Li-S está intimamente associada ao separador orgânico e aos electrólitos líquidos [15, 18-21]: os separadores Celgard convencionais não resistem ao aumento da temperatura e, tal como o eletrólito líquido orgânico, também são fáceis de estragar; além disso, este último também apresenta um perigo oculto de fuga durante o funcionamento.

Os electrólitos em gel com estrutura semi-sólida são considerados uma solução atraente para atenuar os problemas de segurança acima referidos [22-24]. Uma vez que apenas alojam uma quantidade limitada de eletrólito líquido para funcionar como eletrólito e separador sem o risco de fuga de eletrólito, acabam por melhorar a segurança global da bateria [25, 26]. Muitos electrólitos em gel podem proporcionar uma condutividade iónica adequada, conducente a um bom desempenho eletroquímico [8]. Além disso, a sua extraordinária flexibilidade devido à estrutura de gel acomodatícia é considerada útil para atenuar a notória preocupação com a mudança de volume através de uma integridade estrutural altamente reforçada durante os ciclos de carga-descarga [22]. Além disso, os electrólitos em gel são compatíveis com as tecnologias de fabrico convencionais, pelo que podem ser produzidas baterias seguras e duradouras sem grandes preocupações com os custos ou os obstáculos do mercado.

Recentemente, foram feitos esforços para melhorar os electrólitos de gel através do enxerto de grupos funcionais com aditivos [28] ou revestimentos, mostrando assim um grande potencial para a sua utilização em baterias de LiS. No entanto, o eletrólito em gel aborda apenas um dos muitos problemas das baterias de Li-S [18,

29, 30]. Para melhorar ainda mais o desempenho da bateria, é muito útil conceber electrólitos de gel funcionalizados que tenham uma condutividade iónica suficientemente elevada, que ajudem a suprimir o desenvolvimento de dendritos de lítio e que deprimam eficazmente o efeito de vaivém [19, 31]. Os métodos de preparação do eletrólito em gel incluem principalmente o revestimento com lâminas [20] e a electrospinning [21, 28]. Em comparação com o revestimento em lâmina, as membranas fibrosas de electrospinning ganharam uma atenção considerável como potenciais componentes-chave das baterias de Li-S [32-36], devido à sua estrutura de rede 3D constituída por numerosas fibras contínuas de diâmetros submicrónicos, juntamente com o tamanho e a distribuição sintonizáveis de um elevado teor de porosidade e uma flexibilidade excecional.

O copolímero poli (fluoreto de vinilideno-hexafluoro propileno) (PVDF-HFP) tem sido considerado como hospedeiro de electrólitos em gel devido à sua elevada retardância à chama e à capacidade adequada de absorção de electrólitos para formar uma estrutura de gel uniforme [37-39]. O PVDF-HFP tem sido explorado como matriz de acolhimento para electrólitos em gel [40, 41] em várias baterias de iões de lítio convencionais (LfBs) devido à sua condutividade iónica relativamente mais elevada e à sua menor cristalinidade em comparação com outros polímeros [42], embora se deseje ainda mais no que diz respeito às suas fracas propriedades mecânicas, idealmente com funcionalidade adicional para mitigar problemas específicos nas baterias de Li-S.

Neste trabalho, concebemos um gel eletrolítico assimétrico de PVDF-HFP/PVA-S1O2 para proporcionar uma elevada condutividade iónica, uma retardância à chama significativa, propriedades mecânicas adequadamente melhoradas e uma inibição eficaz dos dendritos e do transporte de lítio. O principal suporte estrutural baseia-se numa membrana electrofiada de fibras de PVDF-HFP como hospedeiro, que é ainda funcionalizada com uma superfície revestida com uma suspensão de nano S1O2 em álcool polivinílico (PVA). Enquanto o PVDF-HFP funciona como principal hospedeiro do eletrólito líquido, o revestimento SiO2@PVA proporciona benefícios adicionais ao reforçar significativamente a membrana, promovendo a adsorção e a proteção de poli-sulfuretos e melhorando o retardamento do fogo. Com base nas propriedades estruturais e funcionais sinérgicas, este sistema de eletrólito em gel é capaz de fornecer excelentes propriedades de taxa e ciclo com um cátodo de alto teor de S e um ânodo de lítio nu.

2. EXPERIMENTAÇÃO

2.1 Preparação da membrana composta como hospedeira do eletrólito em gel

A membrana electrolítica de gel PVDF-HFP/PVA-S1O2 foi obtida por fiação eletrostática e revestimento. Tipicamente, para obter o fluido de fiação eletrostática, o PVDF-HFP, que foi seco sob vácuo a 60 ^{0}C antes de ser utilizado, foi adicionado a uma mistura de DMAc e acetona (proporção volumétrica de 3:7). A tensão aplicada à agulha foi de 18 kV, a distância entre a ponta da agulha e o coletor de placas foi fixada em 15 cm e o caudal foi ajustado para 0,1 mm - min$^{'1}$. A membrana de electrospinning preparada foi recolhida num coletor de papel de óleo de silicone e depois seca em vácuo a 60 ^{0}C durante 12 h para remover o solvente residual da membrana nanofibrosa. A pasta de revestimento PVA-S1O2 foi preparada dissolvendo PVA e S1O2 no solvente DMSO e agitando a 85 ^{0}C durante 1 h. Em seguida, foi utilizado um método fácil de moldagem de lâminas para fabricar a membrana nanofibrosa PVDF-HFP revestida com PVA-S1O2, que foi finalmente obtida por secagem a 60 °C durante 12 h. Para comparação, a proporção em massa de PVA para S1O2 foi de 6:1, 3:1, 3:2, seguido pelo mesmo método acima, que foram denotados como HFP/PVA, HFP- PVA/S1O2-6I, HFP-PVA/SÌO2-3I e HFP-PVA/SÌO2-32, respetivamente.

2.2 Preparação do cátodo compósito de S

O enxofre sublimado (0,6 g, AR, Aladdin) e o grafeno de alta condutividade (HCG, utilizando um método recentemente inventado pela equipa do Zhengzhou Materials Genome Institute (ZMGI)) numa proporção de peso de 1:10 foram simplesmente moídos a 300 rpm durante 8h e 4h. Depois. O compósito S/HCG preparado e o PVDF foram misturados em N-metil-pirrolidona (NMP, AR, Aladdin) numa proporção de 9:1 sob agitação contínua durante 6 h. A pasta bem misturada foi moldada num tecido de carbono e seca a 60 ^{0}C no forno durante 12 h. O cátodo obtido com uma carga de S de 2 ± 0,3 mg cm$^{'2}$ foi perfurado em discos circulares com um diâmetro del2 mm.

2.3 Caracterização de materiais

A morfologia e a microestrutura foram caracterizadas por SEM de emissão de campo (ZEISS SIGMA 500). O espetro de infravermelhos foi adquirido com o espetrómetro de infravermelhos de Fourier da Brooke. A análise termogravimétrica (TGA) foi efectuada com um analisador simultâneo Netzsch TA449F3. A espetroscopia Raman foi efectuada com um instrumento Lab RAM HR Evolution.

Os espectros de infravermelhos com transformada de Fourier (FT-IR) foram obtidos utilizando um espetrómetro BRUCK Tensor FTIR. As medições do ângulo de contacto dinâmico foram realizadas com um instrumento de ângulo de contacto ótico.

O valor da absorção de eletrólito foi calculado por eletrólito líquido embebido:

$$\text{Absorção de eletrólito (\%)} = \frac{(W_{wet} - W_{dry})}{W_{dry}} \times 100\% \quad (1)$$

Onde Wdry e Wwet representam o peso da membrana antes e depois de absorver o eletrólito líquido durante 1 h, respetivamente.

2.4 Montagem da célula e medições electroquímicas

Foram montadas células simétricas utilizando o eletrólito Celgard/líquido e o eletrólito em gel HFP-PVA/S1O2 com placas de aço inoxidável como colectores de corrente. A condutividade iónica foi medida por espetroscopia de impedância AC (estação de trabalho eletroquímica CHI604e) com uma frequência aplicada de 0,1 Hz a 100 kHz com uma amplitude sinusoidal de 5 mV. A condutividade eletrónica do eletrólito do gel foi avaliada pelo método de polarização DC. As medições de voltametria de varrimento linear (LSV) foram efectuadas com uma célula de aço/eletrólito/Li à temperatura ambiente, com a tensão a variar entre 2V e 5V a uma velocidade de varrimento de O.OlmV s'^{1}. As células simétricas Li/gel/Li foram preparadas para estudar a estabilidade da interface do ânodo de Li contra o Celgard e o eletrólito de gel PVDF-HFP. As células de moeda CR2025 foram montadas em um porta-luvas M Braun preenchido com Ar, usando o pano de carbono revestido de S como cátodo, uma folha de metal de lítio como ânodo, 1 M bis (trifluorometilsulfonil) imida de lítio (LiTFSI) com 1% de L1NO3 anidro dissolvido em uma mistura de 1,3-dioxolano (DOL) e DME (1: 1 por volume) como eletrólito líquido. O Celgard 2400 foi utilizado como separador para as células convencionais e as células pseudo-sólidas são montadas utilizando o eletrólito em gel HFP-PVA/S1O2 embebido com a mesma quantidade de eletrólito líquido. As medições CV foram realizadas através de uma estação de trabalho eletroquímica CHI604e na gama de tensões de 1,7-2,8 V. A tensão de excitação sinusoidal para as medições EIS começou no potencial de circuito aberto na gama de frequências entre 10 mHz e 100 kHz, com uma amplitude de perturbação de 5 mV. As medições de carga e descarga galvanostáticas foram efectuadas por um analisador de baterias Land CT2001A na gama de tensões 1,7-2,8 V por ciclos.

A densidade de energia gravimétrica da célula foi avaliada com base nos dados da célula-moeda utilizando a seguinte equação:

$$Eg=VC/\sum m_i \quad (2)$$

em que Eg é a densidade de energia gravimétrica da célula completa (Wh kg'[1]), Vis é a tensão média de funcionamento (2,10 V), C é a capacidade de descarga em área (mAh cm'[2]) e mi é a massa total por unidade de área (mg $cm^{-2)}$.

3. RESULTADOS E DISCUSSÃO

A membrana hospedeira do eletrólito em gel, (PVDF-)HFP-PVA/SiO2 com o prefixo PVDF- não mostrado na rotulagem da amostra por simplicidade, foi preparada com um processo fácil ilustrado na Fig. la, combinando electrospinning e revestimento de lâminas. A membrana hospedeira de eletrólito em gel tinha uma estrutura assimétrica. Em primeiro lugar, a electrospinning foi utilizada para fabricar uma membrana PVDF-HFP como camada de base. De seguida, foi aplicada uma mistura de SiO2@PVA com cada teor de S1O2 designado na superfície superior da membrana PVDF-HFP por revestimento com lâmina. A escolha do PVA não tóxico e de baixo custo baseou-se na sua soberba propriedade de formação de película, excelente resistência/flexibilidade, para além de ser não tóxico, económico, quimicamente/electroquimicamente estável, à prova de água e bastante condutor de iões de lítio [43, 44]. Sendo um óxido fortemente polarizado com uma grande área de superfície específica, a nano-sílica como aditivo de enchimento foi utilizada para melhorar a adsorção de polissulfuretos de lítio [4, 45, 46], a rigidez mecânica da membrana à base de polímeros e o retardamento do fogo do sistema polimérico. A excelente molhagem/adesão entre o PVA e o PVDF-HFP foi demonstrada pela sua natureza de revestimento conforme às nanofibras deste último. Como se mostra na Fig. l(c, d), em comparação com a Celgard (Fig. lb, espessura de 28 µm), a aplicação de PVA na superfície superior desta última membrana conduziu a uma membrana globalmente mais densa e plana que ainda mantém a morfologia fibrosa do PVDF-HFP. Além disso, o eletrólito de gel composto como um todo está próximo de um lado do PVA, a membrana é relativamente densa e o outro lado é relativamente solto (Fig.Sl, espessura de 50-60 µm). Além disso, foi preparado um eletrólito em gel de estrutura única, penetrando completamente o revestimento SiO2@PVA na membrana PVDF-HFP. E pode verificar-se que a resistência desta estrutura única é muito inferior à do eletrólito em gel revestido de dupla face (Fig. S3): por um lado, este resultado verifica que o revestimento de SiO2@PVA é compacto, o que é eficaz para a inibição do vaivém do polissulfureto; por outro lado, uma condutividade iónica tão baixa não é propícia à migração de Li^+ , e assim não pode atingir o objetivo de regular a deposição de lítio. Por conseguinte, é necessário preparar uma membrana de eletrólito em gel com uma estrutura assimétrica para conseguir uma separação funcional [47-49], de modo a resolver diferentes problemas existentes nas baterias de Li-S e, em última análise, melhorar o desempenho da bateria.

Diferentes quantidades de nanopartículas de sílica foram misturadas uniformemente numa solução de PVA como suspensões para revestimento, que foram revestidas com lâmina na superfície superior da membrana PVDF-HFP. Naturalmente, devido à estrutura porosa da membrana de PVDF-HFP (Fig. 1c), o revestimento de SiO2@PVA foi-se infiltrando gradualmente na membrana de PVDF-HFP, dando origem a uma membrana composta com um lado (superfície superior) totalmente coberto por SiO2@PVA com uma morfologia de superfície lisa e bastante densa (Fig. le, Fig. SI, 2). Aparentemente, a carga de sílica sobre a superfície superior estava inversamente correlacionada com o rácio PVA/S1O2 na suspensão de revestimento (Fig. S2), com o rácio mais baixo de 3:2 (rotulado como amostra PVA/SÌO2-32) tendo uma distribuição uniforme de nanopartículas de sílica na superfície mais densamente revestida (Fig. le). Consequentemente, a micrografia de secção transversal SEM com a relação PVA/S1O2 mais baixa é mostrada na Fig. SI, exibindo uma compacidade/porosidade graduada ao longo da espessura.

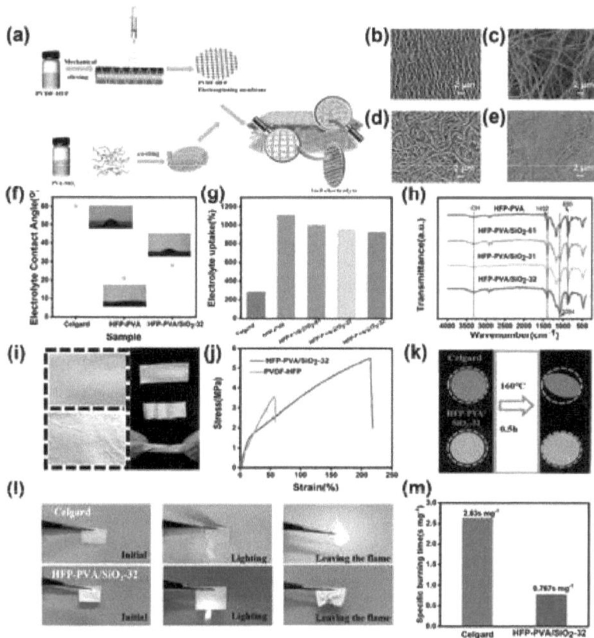

Fig. 1. (a) Imagem esquemática da preparação da membrana electrolítica de gel HFP-PVA/SiO2 e dos processos de montagem da bateria. Imagens SEM de (b) Celgard, (c) membrana PVDF-HFP, (d) membranas HFP-PVA, (e) membrana HFP-PVA/SÌO2-32, (f) As fotografias do ângulo de contacto de Celgard, PVDF-HFP e HFP-PVA/SÌO2-32. (g) Absorção de eletrólito de Celgard e HFP-PVA com diferentes conteúdos de S1O2. (h) Espectros FTIR de HFP-PVA/SiO2 com diferentes teores de S1O2. (i) As fotografias da membrana electrolítica de gel HFP-PVA/SÌO2-32 com várias deformações, (j) As curvas tensão-deformação da membrana electrolítica de gel PVDF-HFP e HFP- PVA/SÌO2-32, (k) Contração térmica a 160 °C durante 0,5 h com HFP-PVA/SÌO2-32.

(1) Propriedades retardadoras de chama do Celgard e do HFP-PVA/SÌO2-32. (m) Tempos de inflamação das diferentes membranas

Estruturalmente, a membrana de fibra bem ligada como hospedeiro sólido para o eletrólito líquido no substrato PVDF-HFP proporciona vias iónicas rápidas no eletrólito em gel. O efeito de nanocomposição do SiO2@PVA ajuda a reforçar mecanicamente a rigidez geral da estrutura do gel, inibindo assim a possível evolução do avanço dos dendritos de lítio, enquanto a nanopartícula de sílica enriquecida no lado do cátodo promoverá a adsorção de polissulfureto. Comparando as morfologias da superfície superior entre o separador Celgard e a nossa membrana revestida (Fig. lb, e), esta última é significativamente mais densa no lado revestido, o que se espera que ajude a proteger a migração de polissulfuretos da travessia da membrana de gel com distribuição de porosidade graduada. Sinergicamente, isto conduz a um maior bloqueio das espécies de polissulfureto no lado catódico, praticamente sem qualquer prejuízo para a condutividade iónica global através do eletrólito de gel. Entretanto, a incorporação de nano partículas de nano óxidos estáveis, como a sílica, em polímeros é uma abordagem bem reconhecida para melhorar o retardamento do fogo.

A boa molhabilidade das membranas HFP-PVA/S1O2 ao eletrólito líquido convencional foi confirmada por medições dinâmicas do ângulo de contacto. É sabido que o Celgard só pode ser utilizado como separador por não ser capaz de absorver quantidades suficientes de electrólitos líquidos (espessura de 29-30 µm) para funcionar como um condutor rápido de iões, devido à sua baixa energia superficial e caraterísticas hidrofóbicas. Em grande contraste, as membranas PVDF-HFP e HFP-PVA/SÌO2-32 são capazes de absorver grandes quantidades de electrólitos líquidos (Fig. 1g) para evoluir para electrólitos quase sólidos eficazes (espessura de 72-90 µm). A capacidade de absorção do eletrólito líquido está relacionada com a relação PVA/S1O2, que, por sua vez, está associada ao efeito do teor de sílica na molhabilidade ou no ângulo de contacto com o eletrólito líquido (Fig. Se). Além disso, em comparação com o Celgard, o PVA com anfifilicidade possui uma melhor afinidade para os solventes orgânicos, pelo que as membranas HFP-PVA e HFP-PVA/SÌO2-32 continuam a ter uma boa molhabilidade para os electrólitos (Fig. If).

É importante notar que, em termos de segurança global e de densidade de energia gravimétrica, é necessário limitar a quantidade de eletrólito líquido absorvido, desde que seja salvaguardada uma condutividade iónica adequada. Mesmo para a amostra com maior quantidade de sílica no revestimento (HFP- PVA/S1O2-32), a sua capacidade de absorção de eletrólito é cerca de 3,5 vezes superior à do Celgard, o que se verificou ser mais do que suficiente para obter uma elevada condutividade iónica. A Fig. lh mostra os espectros FT-IR das membranas HFP/PVA, HFP-PVA/S1O2- 61, HFP-PVA/S1O2-3I e HFP-PVA/S1O2-32 fiadas. Os picos caraterísticos a 880 e 1402 cm'[1] são atribuídos ao PVDF-HFP. A banda de absorção entre 30003600 cm'[1] é atribuída às vibrações de estiramento -OH no PVA. O pico principal a 1084 cm'[1] é atribuído ao estiramento Si-O-Si do S1O2, com a intensidade relativa do pico a aumentar com a carga de S1O2. A Fig. lj demonstra uma flexibilidade soberba do HFP-

A membrana HFP-PVA/SÌO2-32 é muito mais forte do que a membrana PVDF-HFP não revestida (5,5MPa vs. 3,5MPa). Como mostra a Fig. Ik, a membrana HFP-PVA/SÍO2-32 é também muito mais forte do que a amostra PVDF-HFP não revestida (5,5MPa vs. 3,5MPa), o que é atribuído tanto ao PVA intrinsecamente mais forte, ao efeito de composição do aditivo de nano-sílica e ao efeito de adesão entre o PVDF-HFP e o PVA através da formação de ligações de hidrogénio H-F [28]. A propriedade mecânica significativamente melhorada devido ao revestimento de PVA@SiO2 resulta numa estabilidade estrutural notavelmente melhorada em relação à gelificação com imersão em eletrólito líquido. Enquanto o eletrólito em gel PVDF-HFP foi severamente desfigurado (Fig. S4a), o eletrólito em gel HFP-PVA/SÍO2-32 manteve uma integridade estrutural excecional (Fig. S4b).

A estabilidade térmica é importante para as membranas que isolam os eléctrodos, uma vez que a sua possível desfiguração sob temperaturas elevadas pode levar a curto-circuitos, resultando assim em fugas térmicas e mesmo na combustão ou explosão das baterias. A Fig. Ik compara a estabilidade térmica das nossas membranas com a da Celgard, a 160 °C durante 0,5h. A membrana HFP-PVA/SÍO2-32 foi capaz de manter a sua forma a 160 °C, enquanto que a Celgard sofreu uma deformação significativa. Isto é consistente com as suas respostas TG, Fig. S5. Enquanto a perda de peso significativa começou abaixo de 460 °C para a Celgard, o peso da PVA/S1O2-32 foi constante até 550 °C, resultando de uma excelente resistência a altas temperaturas devido ao revestimento dePVA@SiO2. A significativa retardância à chama da membrana de gel deste trabalho foi também examinada através da observação da sua tendência de inflamação, que é ditada pelo índice de oxigénio limitante, a concentração mínima de oxigénio necessária para suportar a combustão de um polímero. Como é demonstrado na Fig. 11, o Celgard foi propenso a ser inflamado com a chama sendo sustentada para consumir tudo depois que o isqueiro foi retirado. Por outro lado, a membrana HFP-PVA/SÍO2-32 tende a extinguir-se imediatamente após a remoção do isqueiro. O tempo de auto-extinção (SET) medido para o HFP-PVA/SÍO2-32 é de apenas 0,767 s mg'^{1} (Fig. Im), notavelmente mais curto do que o do Celgard (2,63 s mg'^{1}). Este facto confirma a boa resistência ao fogo da membrana HFP-PVA/SÍO2-32.

A capacidade de acomodar eletrólito líquido é fundamental para uma membrana hospedeira de um sistema de eletrólito quase sólido. Como membrana separadora típica para baterias, a Celgard não conseguiu absorver eletrólito líquido suficiente para atingir uma condutividade iónica superior a 0,8 mS cm'^{1} (Fig. S6a). A sua condutividade iónica global é assim limitada pela densidade de porosidade do separador. Em grande contraste, o PVA/SÍO2-32 pode absorver uma gama bastante grande de eletrólito líquido fornecido durante a gelificação, conduzindo assim a um aumento de mais de 50% da condutividade iónica bem acima do limiar prático de 0,8 mS cm'^{1} limitado pelo separador nas células convencionais. As curvas correspondentes de espetroscopia de impedância eletroquímica (EIS) das células para derivar a condutividade iónica contra a absorção de eletrólito na mesma membrana são apresentadas na Fig. S6b, com o arco mais pequeno a indicar uma condutividade iónica rápida.

Além disso, os desempenhos dos ciclos das células Li-S foram comparados em relação à absorção de eletrólito líquido na mesma membrana PVA/SÌO2-32. As células foram montadas utilizando um cátodo com elevado teor de S contendo 90% de S em peso e uma folha de Li nua como ânodo, com o gel em diferentes estados de gelificação intercalados. O desempenho do ciclo a 0,5C está resumido na Fig. S6c, mostrando que a capacidade mais elevada com menor decaimento ao longo do ciclo corresponde ao eletrólito líquido de 40µl absorvido pelo gel. Comparativamente, observa-se que ocorreu um decaimento significativo da capacidade na célula com o menor teor de eletrólito de 30 µï, quando a condutividade iónica é inferior a 1,2* 10"^{3} S cm'^{1}. Por outro lado, nas outras duas células que contêm mais de 40 µï de eletrólito, as capacidades também são evidentemente comprometidas ao longo do ciclo. Assim, foi selecionado um eletrólito ótimo de 40 µï para os electrólitos de gel HFP-PVA/SÌO2-32.

A propriedade de transporte de iões é fundamental para o desempenho eletroquímico das baterias. As condutividades iónicas de células simétricas, utilizando o separador Celgard e o eletrólito de gel HFP-PVA/SÌO2-32 com a mesma quantidade de eletrólito líquido de 40 µï, foram derivadas como 0,8xl0'^{3} e 1,26* IO'^{3} S cm'^{1} a 30 °C, respetivamente (Fig. S6a, S7, 2a). Como se mostra na Fig. 2b, a energia de ativação para o eletrólito em gel HFP-PVA/SÌO2-32 é de 0,02 eV, sendo 50% inferior à do Celgard (0,04 eV). Isto confirma um transporte muito mais fácil do Li^{+} e uma condutividade iónica nitidamente melhor no eletrólito em gel HFP-PVA/SÌO2-32. As estabilidades electroquímicas dos géis acima referidos foram avaliadas através da medição da voltametria de varrimento linear (LSV). A

Fig. 2c mostra que não surgiu qualquer evento de oxidação óbvio até 4,5 V (vs. Li^+ /Li) para os electrólitos de gel Celgard e HFP-PVA/SÌO2-32, o que é mais do que adequado para o funcionamento de LIBs. Além disso, a condutividade eletrónica do eletrólito de gel HFP-PVA/SÌO2-32 (Fig. S8) é de apenas 5,7 X IO$^{'10}$ S cm$^{'1}$, o que indica que é um excelente isolante eletrónico.

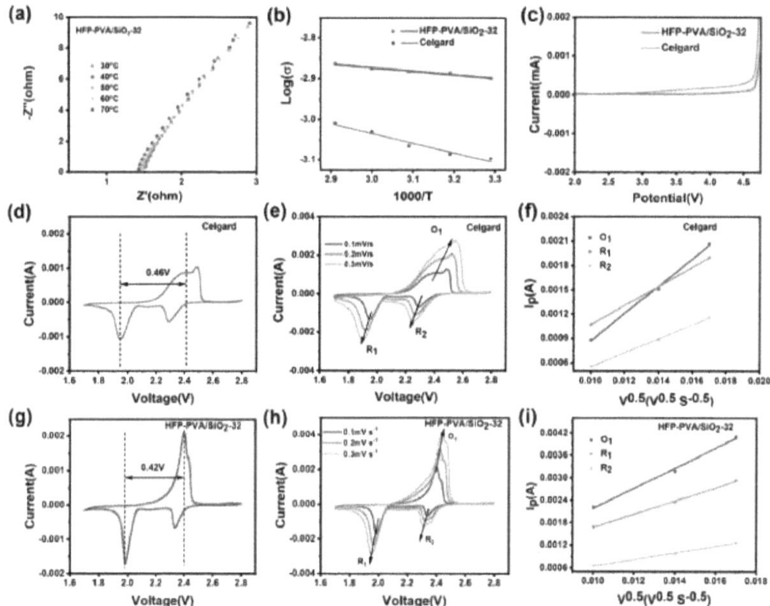

Fig. 2. Desempenho eletroquímico de células simétricas baseadas em eletrólito Celgard-líquido e gel de HFP-PVA/S1O2-32, utilizando folhas de aço inoxidável como colectores de corrente: (a) EIS deHFP-PVA/SiO2-32 e (b)

Gráficos de Arrhenius, (c) curvas LSV de células baseadas em Celgard e HFP-PVA/SÌO2-32, utilizando aço inoxidável e

Li como contra-electrodos. Voltamogramas cíclicos das baterias de Li-S montadas com (d) Celgard e (g) HFP-PVA/SÌO2-32 a uma velocidade de varrimento de 0,1 mV s$^{'1}$. Curvas CV de (e) Celgard e (h) HFP-PVA/SÌO2-32 em relação às taxas de varrimento. Os ajustes lineares correspondentes das correntes de pico das baterias de Li-S com o gel Celgard (f) e o gel HFP-PVA/SÌO2-32 (i).

Foram efectuadas medições de voltamogramas cíclicos (CV) para investigar o comportamento redox das baterias de Li-S. As células montadas com o separador Celgard e o eletrólito líquido e o eletrólito em gel à base de HFP-PVA/SÌO2-32, respetivamente, foram testadas nas mesmas condições com taxas de varrimento variáveis. A Fig. 2d mostra dois picos de redução típicos a 2,29 V e 1,95 V (O.lmV s'[1]) durante o processo de varrimento catódico para as pilhas com Celgard, que correspondem às caraterísticas redox típicas de duas fases entre o Ss elementar e os sulfuretos de lítio: o pico no potencial superior corresponde à redução do Ss elementar a polissulfuretos líquidos (Li2S_n, 4 <n < 8), e o pico no potencial inferior é da redução dos polissulfuretos a sulfureto de lítio (LÌ2S2/L12S). No processo de varrimento anódico, estes dois picos de oxidação (O.lmV s'[1]) são atribuídos ao processo de oxidação de LÌ2S2/L12S para enxofre. Em comparação com a Celgard (Fig. 2d), as baterias com HFP-PVA/SÌO2-32 (Fig. 2g) apresentaram uma deslocação significativamente menor do pico redox e picos de corrente muito mais nítidos, revelando uma polarização mais fraca e uma melhor reversibilidade redox.

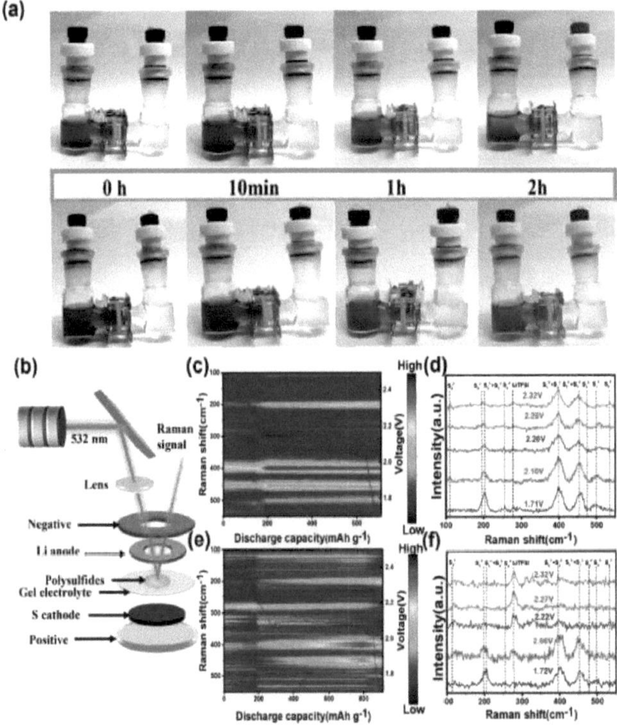

Fig. 3. (a) Comparação da difusão de polissulfureto num dispositivo de permeação em L duplo com Celgard (em cima) e eletrólito em gel HFP- PVA/S1O2-32 (em baixo), (b) Esquema de montagem para espetroscopia Raman in situ, (c, e) Espectros Raman resolvidos no tempo in situ obtidos durante os processos de descarga com Celgard e HFP-
eletrólito em gel PVA/S1O2-32, (d, f) Espectroscopia Raman selecionada de bateriasLi-S baseadas no eletrólito em gel Celgard e HFP-PVA/SÌO2-32 (As curvas vermelhas representam os processos de

descarga).

Entretanto, os coeficientes de difusão do ião de lítio foram avaliados a partir de uma série de medições CV a diferentes velocidades de varrimento (0,1-0,3 mV s'^{1}), através da relação de Randles-Sevcik. Como se mostra na Fig. 2e e h, pode observar-se uma deslocação positiva distinguível nos picos anódicos e uma deslocação negativa nos picos catódicos com o aumento da velocidade de varrimento, devido ao aumento da polarização. A raiz quadrada do coeficiente de difusão corresponde ao declive da linha de ajuste linear entre a corrente de pico (I_p) e a raiz quadrada da velocidade de varrimento ($v^{(0}$)-^{5}). Os coeficientes de difusão de Li^+ dos picos redox, DLì+ (RI) cm^{2} s'^{1}, DLì+ (R2) cm^{2} s'^{1}, e DLí+ (Oι) cm^{2} s'^{1} para o gel HFP-PVA/SÌO2-32 são muito superiores aos do Celgard (Fig. 2f e i). É encorajador notar que, para a célula com o eletrólito de gel HFP-PVA/SÌO2-32, as curvas CV foram quase idênticas nos primeiros três ciclos de descarga-carga (Fig. S9), sugerindo uma elevada reversibilidade devido a reacções redox significativamente melhoradas.

A eficácia na atenuação do transporte de polissulfuretos com HFP-PVA/SÌO2-32 foi avaliada com referência a células de controlo convencionais que utilizam o separador Celgard globalmente dominante e eletrólito líquido. A Fig. 3a compara as fotografias digitais de Celgard e HFP-PVA/SÌO2-32 na supressão da difusão de polissulfuretos, que mostram as alterações de cor devido à difusão de L12S6 (0,1M L12S6) através das membranas para o recipiente vazio à direita (DOL: DME =1:1) ao longo do tempo. Aparentemente, as alterações de cor devidas à difusão de polissulfuretos através da membrana Celgard foram muito mais rápidas do que através da membrana HFP-PVA/SÌO2-32, sugerindo que esta última é de facto eficaz no bloqueio de polissulfuretos, mesmo quando está completamente saturada com eletrólito líquido, graças à sua estrutura mecanicamente reforçada através de nano-composição hierarquicamente integrada.

Foi efectuada uma espetroscopia Raman in situ para estudar a evolução dos polissulfuretos de lítio nas células Li-S (Fig. 3b). A evolução Raman durante o processo de descarga a 0,2C para células baseadas em Celgard e no eletrólito em gel é mostrada na Fig. 3(c, e), respetivamente. A evolução dos espectros Raman em função da diminuição da tensão em tensões de descarga típicas está resumida na Fig. 3 (d, f), respetivamente. Começando pela célula baseada em Celgard (Fig. 3d), as principais caraterísticas correspondentes ao primeiro patamar de tensão a 2,32 V incluem um pico muito forte (vs) a 400 cm'^{1} e um segundo pico forte (s) a cerca de

450 cm'^{1}. Com a diminuição da tensão, começa a aparecer outro pico a 200 cm'^{1}, que se torna mais forte até 1,71 V, enquanto a intensidade dos dois picos principais se mantém em grande medida, Fig. 3d. A interpretação da evolução espectroscópica Raman nas células de LiS tem sido bastante complicada até à data [50-52], uma vez que um espetro para cada polissulfureto consiste em contribuições do mesmo conjunto de monoaniões (5-^4$_{>5>7>8}$) e dianiões (£3,4,7), com subscritos para diferentes números de S ligados. Para complicar ainda mais a situação, a simulação teórica no âmbito da teoria do funcional da densidade (DFT) também indicou a presença potencial do estado radicalar de S3 [52] com aproximadamente os mesmos desvios Raman que S^$_{7}$ [50-52]. Tendo em conta que o processo de descarga promoverá a transição de polissulfuretos de cadeia longa para polissulfuretos de cadeia mais curta, podemos considerar que o aumento da intensidade do pico a 200 cm'^{1} para 1,71 V na Fig. 3d pode ser atribuído à transição de polissulfuretos de cadeia longa para o de cadeia curta, L12S4. Isto é consistente com as caraterísticas dos espectros de Ramon das soluções nominais de L12S4, L12S6 e L12S8, em que a intensidade relativa do pico, I200:1400, está inversamente correlacionada com o comprimento da cadeia dos polissulfuretos [51], enquanto o pico menor a cerca de 115 cm'^{1} na Fig. 3d pode ser atribuído à contribuição do diânion Sf do L12S8.

Por outro lado, os espectros Raman da célula de Li-S baseada no eletrólito em gel são significativamente diferentes (Fig. 3e, f). Em primeiro lugar, não há indícios de polissulfuretos de cadeia longa até serem descarregados a 2,27 V, enquanto o pico a cerca de 278 cm'^{1} e os picos triviais sobre o fundo são provenientes do LiTFSI na solução (Fig. S10a). Consultando os espectros Raman normalizados de soluções de polissulfureto, é possível apreciar que a evidência mais fraca de um pico a cerca de 500 cm'^{1} afirma ainda que os espectros a 2,06 e 1,72 V são em grande parte atribuídos ao polissulfureto de cadeia curta do L12S4. Sendo consistente com a Fig. 3a, a ausência de evidência Raman de polissulfuretos de cadeia longa pode ser atribuída à sua forte adsorção às nanopartículas de sílica no lado catódico do gel, com o substrato de gel mais denso e forte a atuar como um excelente escudo para evitar a sua migração para o feixe de laser confocal no lado anódico. Para confirmar ainda mais este resultado, os diagramas Raman (Fig. SlOb, c) do processo de descarga obtidos após dois ciclos das células mostram que o eletrólito de gel HFP-PVA/SÌO2-32 tem um certo efeito inibidor no vaivém do polissulfureto. A informação significativa do L12S4 de cadeia curta suprimiria o sinal do eletrólito líquido para segundo plano. Isto também é verificado pelos diferentes diagramas Raman apresentados em ambos os lados do eletrólito de gel HFP-PVA/SÌO2-32 na Fig. SlOd.

Consequentemente, o bloqueio eficaz dos polissulfuretos de cadeia longa é muito útil para evitar a sua reação prejudicial com o ânodo de lítio, atenuando assim significativamente o problema da formação de dendrite de lítio. Como ilustrado na Fig. 4a, o eletrólito de gel PVDF-HFP com elevada porosidade, poros pequenos e uniformes, ajuda a obter um revestimento uniforme de Li^+ , suprimindo assim o crescimento de dendrites de lítio [31]. As vias bem interligadas, densamente distribuídas e mecanicamente reforçadas para o transporte iónico devido devido às nanofibras electrofiadas ajudariam a reduzir a concentração local de corrente, promovendo assim um fluxo de Li^+ relativamente homogéneo [53]. A condutividade iónica global na célula Li/gel/Li simétrica foi significativamente superior à da célula de controlo que utilizou o separador Celgard com eletrólito líquido, como demonstrado pelas extensões de espaço

charge effect in the EIS spectra in Fig. S11.

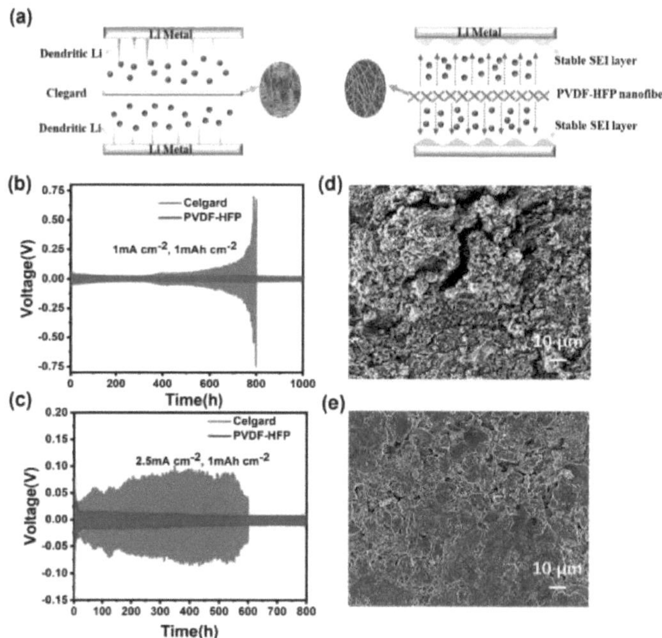

Fig. 4. (a) Ilustração esquemática das célulasLi-S com célula convencional utilizando o separador Celgard e célula com
eletrólito de gel PVDF-HFP. Comparação da estabilidade de revestimento/descolagem de Li com células

Li/gel/Li e células de controlo Li/Celgard/Li de capacidade de área de 1 mAh cm "2 durante o ciclo de carga-descarga a (b) 1 mA cm'2 e (c) 2,5 mA cm'2. Imagens SEM de vista superior dos eléctrodos de Li-metal com (d) separador Celgard e (e) eletrólito de gel PVDF-HFP após ciclagem a 2,5 mA cm "2.

O desempenho da estabilidade durante o revestimento/descolagem de Li^+ foi avaliado utilizando Li/gel/Li com referência ao da célula de controlo baseada em Celgard e eletrólito líquido, como se compara na Fig. 4b e 4c a diferentes correntes. Para a célula simétrica à base de gel, as respostas iniciais de sobrepotencial às correntes constantes são

diminuem gradualmente ao longo do tempo devido ao facto de se aproximarem do estado estacionário para o revestimento e a remoção de Li^+ . Os maiores sobrepotenciais iniciais para as células baseadas em gel são atribuídos a uma distribuição de corrente significativamente mais uniforme sobre os eléctrodos, o que, por sua vez, promoveu o estabelecimento de películas uniformes de interfase sólido-eletrólito (SEI) nas interfaces Li-gel . Nota-se que, uma vez estabelecidas as películas finas uniformes de SEI nas interfaces gel-electrodo, o sobrepotencial começou a diminuir lentamente ao longo de ciclos prolongados. Em contraste, para a célula de controlo baseada no separador Celgard com a mesma quantidade de eletrólito líquido, observou-se que os sobrepotenciais em ambas as correntes aumentaram ao longo de algumas centenas de horas, para além das quais as células deixaram subitamente de funcionar devido ao problema de curto-circuito bem conhecido causado pela penetração de Lidendrites. O aumento contínuo do sobrepotencial para a célula de controlo é atribuível à densidade de corrente distribuída de forma menos uniforme sobre o aspeto do separador Celgard. Estes canais de corrente concentrados localmente dificultariam a formação de películas SEI uniformes nas superfícies dos eléctrodos de lítio, pelo que a reação promovida localmente em torno dos canais de corrente elevada resultou na acumulação contínua de depósitos interfaciais e no aumento da polarização associada. Como é sabido, estas reacções interfaciais concentradas localmente estão na origem da rápida formação de dendrite e da desintegração da estrutura mecânica do elétrodo de lítio. De facto, esta grande diferença nas reacções nas interfaces eletrólito/Li nestas células comparadas começou mesmo a evoluir numa fase bastante precoce nestas células simétricas. As morfologias de superfície da célula à base de gel e da célula de controlo que utiliza o separador Celgard após apenas 50 ciclos a 2,5 mA cm'2 são comparadas nas Fig. 4e e 4d. É chocante constatar que a superfície superior do ânodo de lítio da célula de controlo já evoluiu para uma morfologia de superfície deficiente, com fissuras abertas sobre uma superfície bastante rugosa, Fig. 4d. Em contrapartida, a superfície do elétrodo de lítio da célula de gel apresentava uma superfície bastante lisa na Fig. 4e. A meia célula Li-Cu (Fig. S12) indica também que o eletrólito em gel PVDF-HFP pode regular o comportamento de deposição do Li^{+} e manter a eficiência coulombiana estável.

Os desempenhos da célula de bateria Li-S baseada no eletrólito de gel e da célula de controlo que utiliza o separador Celgard e o eletrólito líquido foram então examinados para avaliar o potencial benefício do eletrólito de gel baseado em HFP-PVA/SÍO2-32. As respostas galvanostáticas de descarga/carga a uma taxa de 0,5C são comparadas na Fig. 5a, b, para a bateria à base de gel e a de controlo. As curvas de descarga/carga apresentam um planalto de oxidação largo e plano e dois planaltos de redução, o que é consistente com as curvas CV com efeito cinético prático nos processos redox em baterias de Li-S. O primeiro de descarga resultante da conversão de enxofre em polissulfuretos de cadeia longa proporcionou uma capacidade significativamente mais elevada de 278,6 mAh g'^{1} do que a da célula de controlo baseada em Celgard (204,5 mAh g'^{1}). O segundo patamar subsequente, devido à redução de polissulfuretos de cadeia longa

polissulfuretos para LÌ2S2/L12S apresentou um aumento de capacidade excecional de 565,2 mAh g'
^{1}, que é notavelmente melhor do que a da célula de controlo (387,4 mAh g'^{1}).

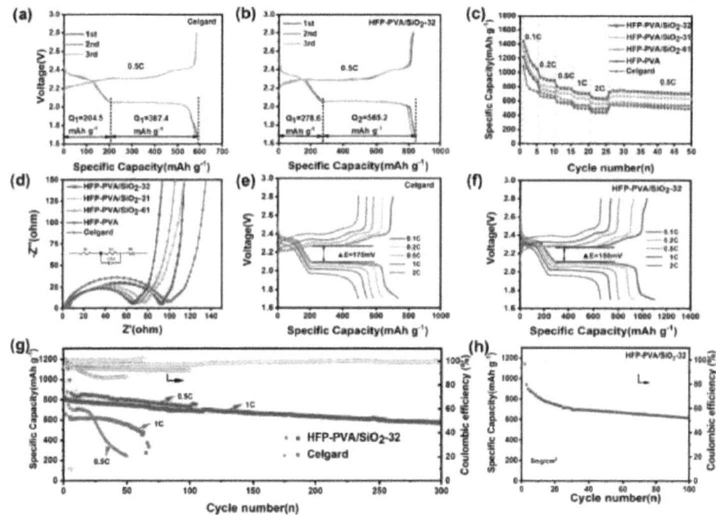

Fig. 5. Primeiros três ciclos de curvas de carga e descarga a 0,5 **C** da bateria baseada no (a) separador Celgard
e (b) gel HFP-PVA/SÌO2-32. (c) Desempenho da taxa a 0,1C, 0,2C, 0,5C, 1C, 2C com vários electrólitos de

gel e célula convencional utilizando o separador Celgard e eletrólito líquido. (d) Curvas EIS do

(e) Curvas de carga e descarga do terceiro ciclo a diferentes taxas com Celgard. (f) Curvas de carga e descarga do terceiro ciclo

(f) Curvas de carga e descarga do terceiro ciclo a diferentes velocidades com o eletrólito em gel HFP-PVA/SÌO2-32, (g) Desempenho do ciclo a

0,5C e 1C de baterias com separador Celgard e eletrólito de gel HFP-PVA/SÌO2-32, (h) Desempenho do ciclo

a 0,05C de uma bateria à base de gel com cátodo de alta carga de enxofre.

Os desempenhos em termos de taxa de várias células baseadas em electrólitos de gel e no separador Celgard são comparados na Fig. 5c. O melhor desempenho em ciclos de taxa consequentes, de 0,1C a 2C com cada ponto de um ciclo de descarga-carga, também foi alcançado com o eletrólito em gel baseado na membrana HFP-PVA/SÌO2-32. As capacidades em cada taxa com o HFP-PVA/SÌO2-32 atingiram 1439, 931, 800, 726 e 648 mAh g'[1], correspondentemente. Quando a taxa foi reduzida para 0,5C após os ciclos de 2C, a capacidade de descarga foi recuperada para 747 mAh g^{-1} (taxa de retenção: 93,4%). Em comparação, o desempenho da taxa das células de controlo baseadas no gel HFP-PVA ou no separador Celgard demonstrou capacidades significativamente inferiores. Consultando os espectros EIS (Fig. 5d) das células acima referidas, afirma-se mais uma vez que a vantagem do desempenho altamente melhorado da célula baseada no eletrólito de gel HFP-PVA/S1O2 se deve principalmente ao facto de ser o mais eficaz no bloqueio dos polissulfuretos de cadeia longa. As Fig. 5e, f e Fig. S13 (a-c) mostram as curvas galvanostáticas de descarga/carga de baterias de Li-S montadas utilizando Celgard/eletrólito líquido e vários electrólitos em gel baseados em membranas de PVDF-IIFP/PVA, HFP-PVA/ S1O2-6I, HFP-PVA/ SiO_2-31e HFP- PVA/SÌO2-32. Este facto constitui uma prova suplementar de que a célula que utiliza o gel HFP-PVA/SÌO2-32 apresenta um desempenho ótimo. Além disso, o maior intervalo de tensão (ΔE) entre os platôs de carga e descarga para a bateria baseada em Celgard foi consideravelmente maior do que aquele baseado no eletrólito de gel, 170 mV vs. 150 mV, como mostrado na Fig. 5 (e, f), o que indica mais uma vez que o sistema baseado em gel tinha menor tendência de polarização. Além disso, na Fig. 5(e, f), a curva de descarga de 0,1 C tem um patamar óbvio a 1,7 V, que resulta da formação de uma película SEI na superfície do tecido de carbono no processo da primeira descarga. Como se mostra na Fig. S14(a, b), para explicar melhor este resultado, as meias células Li-S montadas sem S como cátodo, aparecem todas como uma única plataforma de tensão de 1,8-1,7 V no primeiro processo de descarga, e a plataforma desaparece no segundo processo de descarga. A Fig. S14c mostra mais uma prova de que a tela de carbono não contribui para a capacidade das baterias de Li-S.

Em última análise, surgiram vantagens electroquímicas sinérgicas do eletrólito em gel baseado em HFP-PVA/SÌO2-32. Como se demonstra na Fig. 5g4a, enquanto a célula de bateria convencional que utilizava o separador e o líquido Celgard deixou de funcionar após menos de 60 ciclos a 0,5C, a célula à base de gel manteve-se durante ciclos prolongados, com uma capacidade de 575 mAh g'^{1} ainda a ser mantida após 300 ciclos a 1C (um decaimento médio tão baixo como 0,1% por ciclo). Mesmo um cátodo com uma carga de S muito elevada de 5 mg cm'^{2} pode ser mantido durante um ciclo prolongado, utilizando o eletrólito em gel deste trabalho, com uma relação eletrólito/S limitada a 8 LIL mg'^{1} (Fig. 5h). A uma densidade de corrente de 0,05C, uma bateria com uma carga de S tão elevada foi capaz de fornecer uma capacidade de descarga inicial de 1142 mAh g'^{1}, mantendo-se a estabilidade do ciclo. A boa flexibilidade do eletrólito de gel permitiu a sua utilização em células de bolsa flexíveis. A Fig. S15 apresenta as caraterísticas normais de carga/descarga galvanostática de uma bateria de bolsa com uma carga altamente S de 20 mg de célula de bolsa (50 mm x 30 mm). A célula de bolsa foi capaz de fornecer uma elevada capacidade específica de 1595 mAh g'^{1} a 1mA, Fig. S16. Foi provado que a célula de bolsa funciona corretamente sob uma variedade de condições destrutivas, incluindo perfuração, corte e dobragem, Fig. S17. O desempenho do eletrólito em gel deste trabalho é comparado com os resultados mais recentes em [54-57] Tabela SI. É evidente que o eletrólito em gel HFP-PVA/S1O2-32 se destaca por ser capaz de demonstrar um desempenho estável com a relação E/S mais baixa e uma elevada carga de S, o que é essencial para as baterias de Li-S com uma densidade de energia competitiva em relação aos rivais industriais estabelecidos, baseados em cátodos de óxidos e ânodos de grafite. É encorajador que a célula de moeda demonstrada com o eletrólito de gel HFP-PVA/SÌO2-32 com uma elevada carga de S de 5 mg cm'^{2} no cátodo tenha uma densidade de energia de 274 Wh kg'^{1} contra 260 (Celgard) Wh kg'^{1}. É necessário notar que ainda existem grandes desafios para o desenvolvimento de baterias de Li-S com maior carga de S a uma baixa relação E/S [46], o que teria de envolver melhores cátodos com maior capacidade de área [4, 7] e uma superfície do ânodo de lítio eficazmente protegida [5]. O eletrólito em gel multifuncional deste trabalho constitui um passo muito útil para a produção de baterias de Li-S com densidades de energia ainda mais elevadas, devido à sua notável capacidade de bloquear os polissulfuretos de cadeia longa e de proporcionar uma elevada condutividade iónica com um consumo nitidamente inferior ao do eletrólito líquido.

4. CONCLUSÃO

Um eletrólito de gel multifuncional HFP-PVA/SÌO2-32 é sintetizado com uma electrospinning fácil e um revestimento funcional. Este eletrólito de gel nano-hierárquico é capaz de proporcionar uma condutividade iónica efectiva ainda melhor em células de bateria do que na célula convencional com separador Celgard e eletrólito líquido. A sua estrutura assimétrica, com o lado catódico carregado com nanossílica, resulta em propriedades mecânicas significativamente melhoradas, boa estabilidade térmica, excelente retardamento de chama e excelente capacidade de impedir o transporte de polissulfuretos de cadeia longa. Os canais iónicos bem ligados das nanofibras de PVDF-HFP electrofiadas permitem um transporte iónico rápido com uma distribuição de corrente mais uniforme ao longo da secção transversal da célula da bateria, o que oferece vantagens adicionais contra a evolução dos dendritos de lítio.

As vantagens sinérgicas de um tal eletrólito em gel permitem processos redox rápidos, um aumento significativo da capacidade específica e da estabilidade do ciclo em células Li-S com cátodos contendo 90% de S em peso. Em última análise, foi conseguida uma excelente retenção da capacidade a 1C durante ciclos prolongados, com uma perda média de capacidade limitada a 0,1% por ciclo durante 300 ciclos. Foi possível obter uma carga elevada de S até 5 mg cm'^{2} durante um ciclo estável e foram demonstradas células de bolsa flexíveis com elevada resistência a danos mecânicos, mantendo-se o seu funcionamento ao serem dobradas, perfuradas e cortadas. Espera-se que este gel multifuncional seja muito útil no desenvolvimento de baterias Li-S seguras e de alta densidade energética, para além de desenvolver cátodos de alta carga e ânodos de lítio eficazmente protegidos.

AGRADECIMENTOS

O trabalho foi apoiado pela Fundação Nacional de Ciências Naturais da China (n.ºs U2004172 e 51972287), pela Fundação de Ciências Naturais da Província de Henan (n.º 202300410368), pela Fundação para Professores-Chave das Universidades da Província de Henan (n.º 2020GGJS009) e pelo Programa de

Patrocínio de Talentos de Inovação Científica e Tecnológica nas Universidades da Província de Henan (23HASTIT001).

REFERÊNCIA

[1] B.J. Lee, C. Zhao, J.H. Yu, T.H. Kang, HY Park, J. Kang, Y. Jung, X. Liu, T. Li, W. Xu, XB Zuo, GL Xu, K. Amine, JS Yu, Desenvolvimento de baterias de lítio-enxofre não aquosas de alta energia por meio de estratégia de intercamadas redox-ativas. Nat. Commun. 13(1) (2022) 4629.

[2] Z. Shen, X. Jin, J. Tian, M. Li, Y. Yuan, S. Zhang, S. Fang, X. Fan, W. Xu, H. Lu, J. Lu, H. Zhang, catalisadores ZnS dopados com cátions para conversão de polissulfeto em baterias de lítio-enxofre, Nat. Catal. 5(6) (2022)555-563.

[3] P. Zhang, Y. Zhao, Y. Li, N. Li, S.R.P. Silva, G. Shao, P. Zhang, Revealing the selective bifunctional electrocatalytic sites via in situ irradiated X-ray photoelectron spectroscopy for lithium-sulfurbattery, Adv. Sci. 10(8) (2023)2206786.

[4] Y. Zhang, X. Zhang, S.R.P. Silva, B. Ding, P. Zhang, G. Shao, As baterias de lítio-enxofre encontram a electrospinning: avanços recentes e os parâmetros-chave para uma densidade de energia gravimétrica e volumétrica elevada, Adv. Sci. 9(4) (2022) 2103879, https://doi.org/10.1002/advs.202103879.

[5] Y. Chen, T. Wang, H. Tian, D. Su, Q. Zhang, G. Wang, Advances in lithium-sulfur batteries: from academic research to commercial viability, Adv. Mater. 33(29) (2021) 2003666, https://doi.org/10.1002/adma.202003666.

[6] Y. Zhang, P. Zhang, S. Zhang, Z. Wang, N. Li, S.R.P. Silva, G. Shao, Uma nanofibra metálica flexível de TiC/grafeno vertical 1D/2D heteroestruturada como electrocatalisador ativo para baterias Li-S avançadas. InfoMat 3(7) (2021) 790-803.

[7] R. Hou, S. Zhang, Y. Zhang, N. Li, S. Wang, B. Ding, G. Shao, P. Zhang, Uma configuração de "três regiões" para cinética eletroquímica melhorada e baterias de lítio-enxofre de elevada capacidade, Adv. Funct. Mater. 32(19) (2022) 2200302.

[8] J. Xu, H. Zhang, F. Yu, Y. Cao, M. Liao, X. Dong, Y. Wang, Realizando todas as baterias Li-S climáticas via estrutura sub-nano aromática, Angew. Chem. Int. Ed. 61(47) (2022) e202213368.

[9] Y. Li, S. Lin, D. Wang, T. Gao, J. Song, P. Zhou, Z. Xu, Z. Yang, N. Xiao, S. Guo, Single atom array mimic on ultrathin MOF nanosheets boosts the safety and life of lithium-sulfur Batteries,
Adv. Mater. 32(8) (2020) 1906722.

[10] P. Wang, T. Xu, B. Xi, J. Yuan, N. Song, D. Sun, S. Xiong, AZns metalacalix[8] areno de dupla cavidade como peneira molecular para realizar a transformação tandem intramolecular autolimpante da química Li-S, Adv. Mater. 34(51) (2022) 2207689.

[11] C. Chen, Z.J. Tang, J.Y. Li, C.Y. Du, T. Ouyang, K. Xiao, Z.Q. Liu, MnO Enabling highly efficient and stable Co-Nx/C for oxygen reduction reaction in both acidic and alkaline media, Adv. Funct. Mater. 33(1) (2023) 2210143.

[12] Z. Wang, P. Wu, X. Zou, S. Wang, L. Du, T. Ouyang, Z.Q. Liu, Otimização do desempenho catalítico do oxigénio do espinélio Zn-Mn-Co através da regulação da competição de ligações em locais octaédricos, Adv. Funct. Mater. (2023) 2214275.

[13] Y. Li, L. Wang, F. Zhang, W. Zhang, G. Shao, P. Zhang, Deteção e quantificação da transferência de electrões dependente do comprimento de onda em catalisadores heteroestruturados através de irradiação XPS in situ, Adv. Sci. 10(4) (2023)2205020.

[14] C. Duan, Z. Cheng, W. Li, F. Li, H. Liu, J. Yang, G. Hou, P. He, H. Zhou, Realizando a compatibilidade de um ânodo de metal Li em uma bateria Li-S de estado sólido por deposição

química de vapor de iodo, Energy Environ. Sci. 15(8) (2022) 3236-3245.
[15] Z. Zhou, B. Chen, T. Fang, Y. Li, Z. Zhou, Q. Wang, J. Zhang, Y. Zhao, Um separador multifuncional permite baterias de lítio / magnésio-enxofre seguras e duráveis sob temperatura elevada, Adv. Energy Mater. 10(5) (2019) 1902023.
[16] Y. Liu, X. Meng, Z. Wang, J. Qiu, Development of quasi-solid-state anode-free high-energy lithium sulfide-based batteries, Nat. Commun. 13(1) (2022) 4415.
[17] P. Chen, Z. Wu, T. Guo, Y. Zhou, M. Liu, X. Xia, J. Sun, L. Lu, X. Ouyang, X. Wang, Y. Fu, J. Zhu, Forte interação química entre polissulfetos de lítio e polifosfazeno retardador de chamas para baterias de lítio-enxofre com maior segurança e desempenho eletroquímico, Adv. Mater. 33(9) (2021) 2007549.
[18] Z. Wei, Y. Ren, J. Sokolowski, X. Zhu, G. Wu, compreensão mecanicista do papel que os separadores desempenham em baterias avançadas de lítio-enxofre, InfoMat 2 (3) (2020) 483-508.
[19] Y. Li, T. Gao, D. Ni, Y. Zhou, M. Yousaf, Z. Guo, J. Zhou, P. Zhou, Q. Wang, S. Guo, Dois pássaros com uma pedra: engenharia interfacial do separador janus multifuncional para baterias de lítio-enxofre, Adv. Mater. 34(5) (2022) 2107638.
[20] J. Sheng, Q. Zhang, C. Sun, J. Wang, X. Zhong, B. Chen, C. Li, R. Gao, Z. Han, G. Zhou, electrólitos de estado sólido reforçados com nanofibras reticuladas com efeito de fixação de polissulfureto para baterias de lítio-enxofre flexíveis de alta segurança, Adv. Funct. Mater. 32(40) (2022) 2203272.
[21] C. Ding, L. Huang, Y. Guo, J.-l. Lan, Y. Yu, X. Fu, W.-H. Zhong, X. Yang, Um eletrólito de gel ultra-durável que estabiliza a deposição de iões e aprisiona polissulfuretos para baterias de lítio-enxofre. Material de armazenamento de energia. 27 (2020) 25-34.
[22] W. Ren, C. Ding, X. Fu, Y. Huang, electrólitos de polímero de gel avançados para baterias de lítio metálico seguras e duráveis: desafios, estratégias e perspectivas, Energy Storage Mater. 34 (2021) 515-535.
[23] Y.G. Cho, C. Hwang, D.S. Cheong, YS. Kim, HK Song, eletrólitos de polímero sólido / gel caracterizados por gelificação ou polimerização in situ para sistemas de energia eletroquímica, Adv. Mater. 31(20) (2019) 1804909.
[24] X. Meng, Y. Liu, M. Guan, J. Qiu, Z. Wang, Uma bateria de lítio segura e de alta energia habilitada pela química redox de estado sólido em um eletrólito de gel à prova de fogo, Adv. Mater. 34(28) (2022) 2201981.
[25] C. Ma, W. Cui, X. Liu, Y. Ding, Y. Wang, Preparação in situ de eletrólito de polímero de gel para baterias de lítio: progresso e perspectivas, InfoMat 4 (2) (2021) 12232.
[26] Q. Sun, S. Wang, Y. Ma, Y. Zhou, D. Song, H. Zhang, X. Shi, C. Li, L. Zhang, eletrólito de polímero em gel in-situ fixado com fumaronitrilo, equilibrando elevada segurança e desempenho eletroquímico superior para baterias de Li metálico, Energy Storage Mater. 44 (2022) 537-546.
[27] F. Pei, S. Dai, B. Guo, H. Xie, C. Zhao, J. Cui, X. Fang, C. Chen, N. Zheng, eletrólito de polímero em gel reforçado com aglomerado de titânio-oxo que permite baterias de lítio-enxofre com densidades de energia gravimétricas elevadas, Energy Environ. Sci. 14(2) (2021) 975-985.
[28] T. Lei, W. Chen, Y. Hu, W. Lv, X. Lv, Y. Yan, J. Huang, Y. Jiao, J. Chu, C. Yan, C. Wu, Q. Li, W. He, J. Xiong, Um separador não inflamável e termotolerante suprime a dissolução de polissulfureto para baterias de lítio-enxofre seguras e de ciclo longo, Adv. Energy Mater. 8(32) (2018),1802441.
[29] W. Yan, J. Wei, T. Chen, L. Duan, L. Wang, X. Xue, R. Chen, W. Kong, H. Lin, C. Li, Z. Jin, baterias de lítio-enxofre superestendidas, termoestáveis e de carga ultra-alta baseadas em cátodos de gel nanoestrutural e eletrólitos de gel, Nano Energy 80 (2021). 105510.

[30] D. Chen, M. Zhu, P. Kang, T. Zhu, H. Yuan, J. Lan, X. Yang, G. Sui, eletrólito de polímero de gel auto-aumentado por construção in situ para permitir bateria de lítio metal segura, Adv. Sci. 9 (4) (2022) 2103663.
[31] Z. Zhang, YingHuang, G. Zhang, L. Chao, Eletrólito de polímero reforçado com rede de fibra tridimensional para baterias de lítio metálico de estado sólido sem dendrite, Energy Storage Mater. 41 (2021)631-641.
[32] F. Ahmadijokani, H. Molavi, A. Bahi, R. Fernández, P. Alaee, S. Wu, S. Wuttke, F. Ko, M. Arjmand, Estruturas metal-orgânicas e electrospinning: um casamento feliz para o tratamento de águas residuais. Adv. Funct. Mater. 32(51) (2022) 2207723;
[33] L. Ji, X. Wang, Y. Jia, Q. Hu, L. Duan, Z. Geng, Z. Niu, W. Li, J. Liu, Y. Zhang, S. Feng, Flexible electrocatalytic nanofiber membrane reator for lithium/sulfur conversion chemistry, Adv. Funct. Mater. 30(28) (2020) 1910533.
[34] X. Li, W. Chen, Q. Qian, H. Huang, Y. Chen, Z. Wang, Q. Chen, J. Yang, J. Li, Y.W. Mai, Electrospinning-based strategies for battery materials, Adv. Energy Mater. 11(2) (2020) 2000845.
[35] X. Zhang, C. Shang, EM Akinoglu, X. Wang, G. Zhou, Construindo nanofolhas C03S4 revestindo nanofibras de carbono dopadas com N como hospedeiro de enxofre independente para baterias de lítio-enxofre de alto desempenho, Adv. Sci. 7 (22) (2020) 2002037.
[36] L. Zhou, D.L. Danilov, F. Qiao, J. Wang, H. Li, R.A. Eichel, P.H.L. Notten, Reação de redução de enxofre em baterias de lítio-enxofre: mecanismos, catalisadores e caraterização, Adv. Energy Mater. 12(44) (2022) 202094.
[37] H. Zhao, N. Deng, W. Kang, Z. Li, G. Wang, B. Cheng, Separador de poli(fluoreto de vinilideno-hexafluoropropileno)/poli-m-fenilenoisoftalamida estrutural altamente multiescala com compatibilidade de interface melhorada e distribuição uniforme do fluxo de iões de lítio para baterias de lítio-metal à prova de dendrite, Energy Storage Mater. 26 (2020) 334-348.
[38] G. Chen, F. Zhang, Z. Zhou, J. Li, Y. Tang, Uma bateria flexível de íon duplo baseada em eletrólito de polímero de gel modificado com PVDF-HFP com excelente desempenho de ciclagem e capacidade de taxa superior, Adv. Energy Mater. 8(25) (2018) 1801219.
[39] W. Liu, C. Yi, L. Li, S. Liu, Q. Gui, D. Ba, Y. Li, D. Peng, J. Liu, Designing polymer-in-salt electrolyte and fully infiltrated 3D electrode for integrated solid-state lithium batteries, Angew. Chem. Int. Ed. 60(23) (2021) 12931-12940.
[40] J.H. Kim, K. Go, K.J. Lee, H.S. Kim, Desempenho melhorado de baterias de lítio metálico totalmente em estado sólido através do controlo físico e químico da interface, Adv. Sci. 9(2) (2022) 2103433.
[41] H.P. Liang, M. Zarrabeitia, Z. Chen, S. Jovanovic, S. Merz, J. Granwehr, S. Passerini, D. Bresser, eletrólito de mistura de polímero condutor de íon único baseado em polissiloxano compreendendo pequenas moléculas
carbonatos orgânicos para baterias de lítio-metal de alta energia e alta potência, Adv. Energy Mater. 12(16) (2022) 2200013.
[42] D. Lei, Y.B. He, H. Huang, Y. Yuan, G. Zhong, Q. Zhao, X. Hao, D. Zhang, C. Lai, S. Zhang, J. Ma, Y. Wei, Q. Yu, W. Lv, Y. Yu, B. Li, Q.H. Yang, Y. Yang, J. Lu, F. Kang, Cross-linked beta alumina nanowires with compact gel polymer electrolyte coating for ultra-stable sodium metal battery, Nat. Commun. 10(1) (2019) 4244.
[43] X. Hui, P. Zhang, J. Li, D. Zhao, Z. Li, Z. Zhang, C. Wang, R. Wang, L. Yin, integração in situ de eletrólito de gel LDH-Array@PVA altamente condutor iónico e ânodo MXene/Zn para baterias flexíveis de Zn-Air sem dendrite e de alto desempenho, Adv. Energy Mater. 12(34) (2022) 2201393.

[44] X. Luo, L. Zhu, Y.C. Wang, J. Li, J. Nie, Z.L. Wang, Um nanogerador triboelétrico multifuncional flexível baseado em MXene/PVAhydrogel, Adv. Funct. Mater. 31(38) (2021) 2104928.
[45] C. Chen, Q. Jiang, H. Xu, Y. Zhang, B. Zhang, Z. Zhang, Z. Lin, S. Zhang, separador modificado por Ni / SiO2 / Grafeno como uma barreira de polissulfeto multifuncional para baterias avançadas de lítio-enxofre, Nano Energy 76 (2020) 105033.
[46] J. Guo, H. Pei, Y. Dou, S. Zhao, G. Shao, J. Liu, Projectos racionais para baterias de lítio-enxofre com baixo rácio eletrólito/enxofre, Adv. Funct. Mater. 31(18) (2021) 2010499.
[47] Y. Zhong, S. Wang, Y. Sha, M. Liu, R. Cai, L. Li, Z. Shao, aprisionando enxofre em esferas de carbono recortadas ocas e hierarquicamente porosas: um cátodo de alto desempenho para baterias de lítio-enxofre, J. Mater. Chem. A 4(24) (2016) 9526-9535.
[48] Y. Zhong, X. Xu, P. Liu, R. Ran, SP Jiang, H. Wu, Z. Shao, Um design de elétrodo separado por funções para a realização de uma bateria de zinco híbrida de alto desempenho, Adv. Energy Mater. 10(47) (2020) 202002992.
[49] Y. Zhong, C. Cao, MO Tade, Z. Shao, Ionically and electronically conductive phases in a composite anode for high-rate and stable lithium stripping and plating for solid-state lithium batteries, ACS Appi. Mater. Interfaces 14(34) (2022) 38786-38794.
[50] M. Hagen, P. Schiffels, M. Hammer, S. Dörfler, J. Tübke, M.J. Hoffmann, H. Althues, S. Kaskel, investigação raman in situ da formação de polissulfeto em células Li-S, J. Electrochem. Soc. 160(8) (2013) A1205-A1214.
[51] J.D. McBrayer, T.E. Beechem, B.R. Perdue, C.A. Apblett, F.H. Garzon, Especiação de polissulfureto no eletrólito a granel de uma bateria de enxofre de lítio, J. Electrochem. Soc.l65(5) (2018) A876-A881.
[52] J. Hannauer, J. Scheers, J. Fullenwarth, B. Fraisse, L. Stievano, P. Johansson, A busca por polissulfetos em eletrólitos de bateria de lítio-enxofre: um estudo de espetroscopia raman confocal operando, Chemphyschem 16 (13) (2015) 2755-2759.
[53] Y. Zhu, J. Xie, A. Pei, B. Liu, Y. Wu, D. Lin, J. Li, H. Wang, H. Chen, J. Xu, A. Yang, C.L. Wu, H. Wang, W. Chen, Y. Cui, Fast lithium growth and short circuit induced by localized-temperature hotspots in lithium batteries, Nat. Commun. 10(1) (2019) 2067.
[54] M. Liu, D. Zhou, Y.-B. He, Y. Fu, X. Qin, C. Miao, H. Du, B. Li, Q.-H. Yang, Z. Lin, TS Zhao, F. Kang, novo eletrólito de polímero de gel para baterias de lítio-enxofre de alto desempenho, Nano Energy22 (2016) 278-289.
[55] Y. Xia, YF. Liang, D. Xie, X.L. Wang, S.Z. Zhang, X.H. Xia, C.D. Gu, J.P. Tu, Um eletrólito de polímero de gel de rede tridimensional à base de poli (fluoreto de vinilideno-hexafluoropropileno) para baterias de lítio-sulfúrico em estado sólido, Chem. Eng. J. 358 (2019) 1047-1053.
[56] D. Yang, L. He, Y. Liu, W. Yan, S. Liang, Y. Zhu, L. Fu, Y. Chen, Y. Wu, Um eletrólito de polímero em gel modificado com negro de acetileno para baterias de lítio-enxofre de alto desempenho, J. Mater. Chem. A 7(22) (2019) 13679-13686.
[57] D. Shao, L. Yang, K. Luo, M. Chen, P. Zeng, H. Liu, L. Liu, B. Chang, Z. Luo, X. Wang, Preparação e desempenho do eletrólito composto de gel modificado para aplicação de sulfurbateria de lítio de estado quase sólido, Chem. Eng. J. 389 (2020) 124300.

Um eletrólito polimérico em gel funcional baseado em PVDF-HFP/gelatina para baterias de lítio metálico sem dendrite

Conteúdo

---

1. INTRODUÇÃO

Com o desenvolvimento em expansão dos produtos electrónicos, as necessidades sociais em termos de dispositivos de armazenamento de energia das baterias aumentam de dia para dia. [1,2] Para satisfazer as exigências das pessoas, as baterias de lítio metálico (LMB) com ânodos de lítio metálico têm merecido grande atenção.[3,6] No entanto, o problema dos dendritos de lítio não favorece o desempenho cíclico das LMB. A falha e o curto-circuito do ânodo de lítio resultam principalmente das dendrites de lítio. Além disso, o eletrólito líquido decompõe-se excessivamente ao reagir com o ânodo de Li, o que pode destruir a estabilidade do ciclo dos LMB.[7] Por conseguinte, os dendritos de lítio não controlados e os electrólitos líquidos com fugas fazem com que as baterias apresentem sérios riscos de segurança. Além disso, os separadores comerciais de LMB são principalmente de poliolefina (Celgard), que ainda têm muitos problemas a resolver, como a fraca molhabilidade do eletrólito e a estabilidade térmica.[8,11] Por conseguinte, cada vez mais pessoas começam a prestar atenção à melhoria dos separadores comerciais e dos electrólitos líquidos.

Os electrólitos de polímeros em gel (GPE), com muitas vantagens, são potenciais candidatos a separadores e electrólitos líquidos. Por exemplo, os GPE não só podem evitar a fuga de electrólitos líquidos, como também apresentam uma excelente condutividade iónica e uma interface de contacto com os eléctrodos.[12,16] Nos últimos anos, muitos investigadores têm procurado melhorar as propriedades electroquímicas dos GPE para que sejam comparáveis às dos electrólitos líquidos.[17, 18] Os GPE tradicionais são preparados principalmente por revestimento, polimerização térmica e transformação de fase, que têm uma estrutura de poros deficiente e uma baixa condutividade iónica. Além disso, a electrospinning, como tecnologia avançada, pode preparar uma estrutura de rede tridimensional (3D) de película de fibra com elevada área de superfície específica e porosidade.[19,24] Assim, o GPE preparado por electrospinning tem uma estrutura de rede 3D e elevada porosidade, o que é benéfico para a transmissão de iões e para a carga e descarga rápidas. Além disso, a estrutura de rede 3D desempenha um certo papel na regulação da deposição de lítio. Zhao et al.[25] fabricaram um novo GPE à base de poli (fluoreto de vinilideno-co-hexafluoropropileno) (PVDF-HFP)/poli-m-fenilenoisoftalamida (PMIA) com adição de hexafluorofosfato de tetrabutilamónio (TBAHP) por electrospinning. Este GPE possui uma estrutura multi-escala, um diâmetro ligeiramente reduzido e muitas ramificações. Beneficiando da estrutura hierárquica, este GPE facilita um fluxo de iões de lítio bastante uniforme e consegue orientar e restringir os dendritos de lítio. Da mesma forma, Kang et al.[26] utilizaram as propriedades da montmorilonite (MMT) para preparar um novo GPE funcionalizado à base de PMIA por electrospinning, proporcionando um excelente ciclo de vida do Li//Li.

No entanto, o GPE preparado por electrospinning tem fracas propriedades mecânicas, o que não é propício à inibição do crescimento de dendrites de lítio nos LMBs[27]. Mais importante ainda, são necessários estudos sobre a resistência a altas temperaturas e a retardância à chama da película de electrospinning para a segurança dos LMBs, mas existem poucos estudos relevantes neste momento.

Neste trabalho, com a combinação de PVDF-HFP e gelatina (GN), foi sintetizado um tipo de GPE fino por electrospinning e imersão. Devido às suas ligações químicas C-F e à sua capacidade adequada de absorção de electrólitos, o PVDF-HFP tornou-se o hospedeiro do GPE.[28,32] O PVDF-HFP com electrospinning pode dotar o HFP-GN GPE de uma excelente condutividade iónica (1,27 x $IO^{'3}$ S $cm^{'1}$), uma excelente afinidade com o eletrólito líquido e uma formação mais fácil do GPE. Além disso, o GN é um material de base biológica, subproduto do peixe e dos animais, que pode ser dissolvido em água quente e formar um gel termicamente reversível, possuindo uma força gelatinosa.[33,34] Além disso, este material possui uma variedade de grupos polares, incluindo amida (-CONH-), amino (-NH2) e carboxilo (- COOH), o que é benéfico para inibir o crescimento de dendritos de lítio[35] e evitar a destruição das superfícies dos ânodos de Li.[36,37] Além disso, o GN é retardador de chama, o que pode aumentar a segurança dos LMB. Com base na ação sinérgica da estrutura de rede 3D e dos grupos polares, as LMB montadas com GPE HFP-GN apresentam uma estabilidade cíclica excecional: a célula Li//Li apresenta um tempo de vida prolongado a 1 mA $cm^{'2}$ e 1 mAh $cm^{'2}$; após 300 ciclos a 5 C, a LiFePOVHFP-GN GPE/Li apresenta 61.4 mAh $g^{'1}$ e uma baixa taxa de decaimento da capacidade de 0,09%; após 400 ciclos a 2 C, a célula L1COO2/HFP-GN GPE/Li mantém uma elevada retenção de capacidade de 74%.

2. EXPERIMENTAL

2.1 . Preparação do eletrólito de polímero em gel composto

Primeiro, o PVDF-HFP foi dissolvido na mistura de DMAc e acetona para preparar a película de electrospinning. De seguida, adicionou-se GN à água quente até estar completamente dissolvido. Depois de molhar as fibras de PVDF-HFP com etanol, a fibra de PVDF-HFP foi embebida na solução quente de GN durante algum tempo.

Finalmente, a membrana HFP-GN foi arrefecida à temperatura ambiente e seca para produzir uma membrana de polímero em gel composta. A membrana de polímero em gel absorveu uma certa quantidade de eletrólito líquido para obter o GPE composto.

2.2 Preparação de cátodos

Uma certa quantidade de LiFePO4 (HF-Kejing), Super P e PVDF foi adicionada à N-metil-pirrolidona (NMP) numa proporção de massa de 8:1:1. Para obter cátodos, a pasta misturada uniformemente foi revestida em folha de alumínio e seca a 60 ^{0}C. Em seguida, a folha de alumínio foi perfurada em discos com um diâmetro de 12 mm e uma carga de massa de 6±0,5 mg cm'^{2}.

Uma certa quantidade de L1COO2, Super P e PVDF foram misturados em NMP numa proporção de massa de 8:1:1, e foram continuamente agitados para obter uma pasta uniformemente misturada. A pasta misturada uniformemente foi revestida em folha de alumínio e seca a 60 ^{0}C. Em seguida, a folha de alumínio foi perfurada em discos com um diâmetro de 12 mm e uma carga de massa de 6±0,5 mg cm'^{2}.

2.3 Caracterização

A morfologia foi caracterizada através de microscopia eletrónica de varrimento (SEM, ZEISS SIGMA 500). Os espectros de infravermelhos com transformada de Fourier (FTIR) foram realizados com o espetrómetro Bruck Tensor FTIR. A difração de raios X (XRD) foi medida por um sistema Rigaku Ultima IV com radiação Cu Ka. A espetroscopia Raman foi efectuada com o instrumento Lab RAM HR Evolution. A análise por espetroscopia de fotoelectrões de raios X (XPS) foi realizada com um equipamento AXIS Supra.

A porosidade foi realizada mantendo a membrana em n-butanol durante 12 h. A fórmula é a seguinte:

$$\text{Porosidade (\%)} = (\Delta m/\rho)/V_0 \quad (1)$$

Onde p, Vo e Am representam a densidade do n-butanol, o volume geométrico da membrana e a diferença de massa antes e depois da absorção do n-butanol pela membrana.

A absorção de electrólitos líquidos foi realizada mergulhando a membrana em electrólitos líquidos durante 1 h. A fórmula é a seguinte

Absorção de electrólitos (%)=(M-Mo)/Mo (2)

Onde Mo e M representam a massa da membrana seca e a massa da membrana após a absorção de electrólitos líquidos.

2.4 . Medições electroquímicas

Para medir o desempenho eletroquímico das baterias LiFePO4 (L1COO2)// Li, foram montadas células tipo moeda CR2025 com Celgard e GPEs. O processo de produção foi efectuado numa caixa de luvas cheia de Ar. O eletrólito líquido contém IM LiPFo e EC/DEC (v/v 1:1). Entretanto, as células montadas com Celgard e a mesma quantidade de eletrólito líquido foram utilizadas como controlos. A espetroscopia de impedância eletroquímica (EIS), a voltametria de varrimento linear (LSV) e a voltametria cíclica (CV) foram realizadas por uma estação de trabalho eletroquímica CHI604e. A medição da carga-descarga foi efectuada por um Land CT2001A.

A condutividade iónica foi calculada a partir da Eq. (3):

$$\sigma = L/(R_b A) \ (3)$$

Onde L, Rb e A representam a espessura, a resistência de massa e a área de superfície dos GPEs.

O coeficiente de difusão do ião de lítio (DLì+) pode ser obtido através da equação de Randles-Sevcik:

$$I_p = 2.69 \times 10^5 n^{0.5} A D_{Li}^{0.5} V^{0.5} C_{Li} \ (4)$$

Em que I_p representa a corrente de pico, n representa o número de electrões na reação, A é a área do elétrodo, V é a velocidade de varrimento e CLì apresenta a concentração de Li^+ no eletrólito líquido.

De acordo com a seguinte fórmula, foi calculada a energia de ativação da reação (E_a):

$$E_a = RT\ln(A/\sigma) \ (5)$$

Em que E_a representa a energia de ativação necessária para a condução do ião de lítio. R representa a constante molar do gás e T representa a temperatura de medição. A representa o fator pré-exponencial e σ representa a condutividade iónica.

A célula Li//Li foi medida para obter o número de transferência de iões de lítio (t^+). A frequência da impedância AC foi de 100 kHz-0,1 Hz. Foi utilizado o método de cronoamperometria para determinar a corrente inicial e a corrente em estado estacionário (Io, Is). A tensão de polarização aplicada (AV) foi de 2 mV. O t^+ foi calculado de acordo com a fórmula:

$$t^+ = (I_s(\Delta V - I_0 R_0^{el}))/(I_0(\Delta V - I_s R_s^{el})) \ (6)$$

Onde Ro e R_s são os valores de resistência antes e depois da polarização, respetivamente.

2.5 Cálculo da teoria do funcional da densidade

Com base na teoria do funcional da densidade (DFT), a representação dos primeiros princípios dos materiais das baterias foi efectuada para cálculos DFT. Este trabalho utilizou o Vienna Ab Initio Simulation Package (VASP) através do método projetor augmented wave (PAW) para potenciais iónicos, contendo o efeito dos electrões do núcleo. Os cálculos de estrutura-energia foram efectuados com os funcionais Perdew-Burke-Ernzerh para a correlação de permuta.[38,39] Para a relaxação geométrica das estruturas, foi utilizado um Li^+ , -NH2, -COOH, e -CONH- numa caixa periódica cúbica com um comprimento lateral de 15 Â e uma grelha de pontos 2*2*2 MonkhorstPack κ para amostragem da zona de Brillouin, respetivamente. As energias de ligação do Li^+ ligado aos substratos foram calculadas da seguinte forma:

$$E_b=E_{total}-E_{sub}-E_{Li} \quad (7)$$

ELì, Esub e Etotai denotam a energia de coordenação deLi^+ , substrato e Li^+ -substrato.

3. RESULTADOS E DISCUSSÃO

Como ilustrado na Fig. 1(a), a solução PVDF-HFP foi tratada por electrospinning. Em segundo lugar, devido à propriedade hidrofóbica do PVDF-HFP e à propriedade do álcool e da água de serem mutuamente solúveis, a membrana de PVDF-HFP foi primeiro infiltrada com álcool, seguida de imersão na solução quente de GN a 80 ^{0}C. Em terceiro lugar, quando a membrana PVDF-HFP foi arrefecida à temperatura ambiente, o GN após sol-gel foi introduzido com êxito na membrana PVDF-HFP, obtendo-se o composto HFP-GN. Por fim, após a imersão da HFP-GN no eletrólito líquido, foram obtidos GPEs HFP-GN e os LMBs foram montados com Celgard e GPEs.

As morfologias da membrana PVDF-HFP pura preparada e da membrana HFP-GN foram caracterizadas por SEM, como se mostra na Fig. 1(b, c). Na Fig. 1(c), não há aglomerado de GN na membrana HFP-GN, e a superfície da nanofibra é uniforme, indicando que o GN está distribuído uniformemente nas nanofibras de PVDF-HFP em vez de se aglomerar e bloquear os orifícios nas membranas de nanofibras de PVDF-HFP puras. Por outras palavras, a introdução de GN não pode alterar a morfologia estrutural 3D original do PVDF-HFP (Fig. 1(b)), e o aumento do diâmetro das nanofibras contribui para melhorar a resistência mecânica das membranas de PVDF-HFP, evitando assim a perfuração dos dendritos de lítio. Na

Fig. SI, o mapeamento elementar EDS de HFP-GN confirma ainda mais a combinação de GN com PVDF-HFP. Além disso, o HFP-GN é relativamente fino (~40 μm) na Fig. 1(d).

Para caraterizar a estrutura química das diferentes membranas, foram efectuados testes de XRD, FTIR e XPS. A Figura. 1(e) apresenta os resultados de XRD de GN, PVDF-HFP e HFP-GN. Os picos de difração do PVDF-HFP a 18,2° e 20,0° correspondem às fases cristalinas (100) e (020). O GN puro tem um pico de difração mais largo a cerca de 20°, correspondendo à estrutura amorfa ordenada de curto alcance. Após a introdução de GN, a intensidade de difração (20=20°) do PVDF-HFP é significativamente reduzida, confirmando que a adição de GN diminui a cristalinidade do PVDF-HFP. Na Fig. 1(f), os picos de absorção da GN pura a 3293 cm^{-1}, 1638 cm^{-1} e 1537 cm^{-1} estão associados ao pico de vibração de estiramento de -NH2 e -COOH, ao pico de vibração de estiramento de -C=O e à vibração de flexão de -N-H em -CONH-, respetivamente.[37] Em comparação com o PVDF-HFP, existem picos caraterísticos de infravermelhos da GN a 1638,9 cm^{-1} e 1535 cm^{-1} em HFP-GN. Além disso, o XPS também mostra a presença de GN nas nanofibras de PVDF-HFP na Fig. S2. Com a introdução de GN, surgiram dois novos picos fortes (Ols, Nls) no espetro de XPS. Em resumo, o PVDF-HFP e o GN foram combinados com sucesso.

O GPE actua como um separador entre o cátodo e o ânodo nos LMBs, pelo que a resistência mecânica do GPE é muito importante. Na Fig. 1(g), a resistência do HFP-GN é superior à do PVDF-HFP, indicando que a adição de GN melhora significativamente a resistência mecânica do PVDF-HFP. Este resultado deve-se principalmente à caraterística de transição sol-gel de reação térmica do GN. Especificamente, quando a solução de GN é dissolvida a uma temperatura mais elevada e arrefecida abaixo da temperatura ambiente, a bobina de proteína da cadeia molecular é convertida na tripla hélice e gera gradualmente a rede de gel 3D, conferindo às membranas de PVDF-HFP maior estabilidade e resistência mecânica.[33]

O Celgard, com a sua baixa energia superficial e propriedade hidrofóbica, é pouco compatível com os electrólitos líquidos convencionais. Na Fig. 1(h), o Celgard apresenta uma fraca molhabilidade tanto para os electrólitos líquidos como para a água, através do teste do ângulo de contacto. Em contrapartida, tanto o PVDF-HFP como o HFP-GN podem absorver rapidamente os electrólitos líquidos e os ângulos de contacto são quase 0, o que sugere uma boa molhabilidade dos electrólitos líquidos.[40] Além disso, devido à hidrofilicidade do GN, a molhabilidade da membrana HFP-GN à água é significativamente melhor do que a do Celgard e do PVDF-HFP (Fig. 1(h)), o que confirma ainda mais o êxito da introdução do GN no PVDF-HFP. Normalmente, a condutividade iónica depende principalmente da absorção de electrólitos líquidos em GPEs. Por conseguinte, foram também realizados testes quantitativos de absorção e retenção de electrólitos. Como se mostra na Fig. l(i), a absorção de electrólitos do Celgard, PVDF-HFP e HFP-GN atinge 430%, 1500% e 1155%, respetivamente. Em comparação com o Celgard (32,6%), o PVDF-HFP e o HFP-GN têm uma estrutura porosa 3D, maior porosidade (94,2% e 90,1%, Tabela SI) e excelente molhabilidade, o que contribui para uma boa compatibilidade com electrólitos líquidos. Embora a introdução de uma pequena quantidade de GN hidrofílico no HFP-GN reduza a taxa de absorção do PVDF-HFP, a sua porosidade e molhabilidade do eletrólito continuam a ser muito superiores às do Celgard. Além disso, durante o tempo fixo para as diferentes membranas, a taxa de retenção de electrólitos de Celgard, PVDF-HFP e HFP-GN é de 38,6%, 85,6% e 72,2% a 1 h, o que resulta do efeito limitador da estrutura de rede 3D dos GPE.

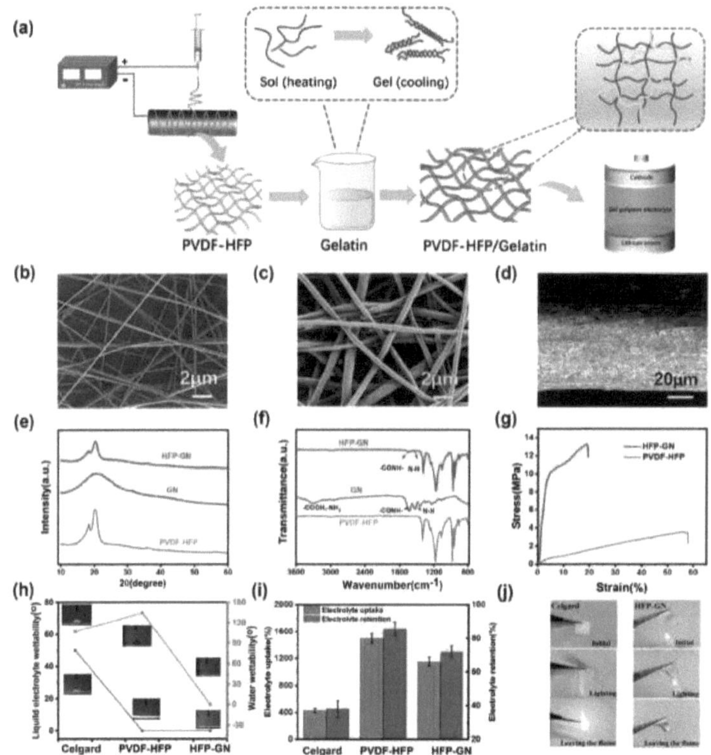

FIGURA 1 (a) Esquema da preparação de GPEsHFP-GN, (b, c) Superfície dePVDF-HFP e HFP-GN. (d) Secção transversal deHFP-GN. (e) XRD, (f) FT-IR dePVDF-HFP, GN, e HFP-GN. (g) Curvas tensão-deformação, (h) Ângulos de contacto em três tipos de membranas, (i) Captação de eletrólito e retenção de eletrólito de Celgard, PVDF-HFP e HFP-GN. (j) Propriedades retardadoras de chama de PVDF-HFP e HFP-GN.

A estabilidade térmica e o retardamento de chama das membranas GPE estão intimamente relacionados com a segurança das baterias. Para testar a estabilidade térmica, a Celgard e a HFP-GN foram colocadas numa estufa de secagem a vácuo a 150 °C durante 1 h. Como se pode ver na Fig. S3, a Celgard tem um encolhimento óbvio do tamanho, enquanto a HFP-GN ainda mantém o seu tamanho original. De seguida, a retardância de chama do Celgard e do HFP-GN também foi verificada na Fig. l(j). O Celgard começa a arder aquando da ignição e continua a arder após a remoção da fonte de ignição. No entanto, o HFP-GN não é combustível. Este resultado deve-se ao facto de o PVDF-HFP e o GN terem ambos um certo grau de retardamento de chama. O GN é derivado de tecido animal ou couro sob a condição de preparação de hidrólise ácida ou alcalina, e a proteína é o seu principal componente. Depois, a proteína é formada por desidratação e condensação de grupos amino e carboxilo em ambas as extremidades através de uma variedade de aminoácidos. Por conseguinte, a proteína tem um elevado teor de azoto e é um tipo de substância retardadora de chama. Estes resultados reflectem que a HFP-GN tem uma excelente estabilidade térmica e retardamento de chama.

A coordenação entre grupos polares em GN e Li^+ foi verificada pelo teste FT1R de PVDF-HFP e HFP-GN combinados com LiPFó. A Fig. S4(b) é uma figura ampliada da Fig. S4(a), a partir da qual se pode observar significativamente que o pico de PFÓ' aparece a 833 cm'^1 em LiPFó, e a posição do pico DE PFÓ' em HFP/LìPFÓ quase não se altera significativamente. No entanto, o pico de PFÓ' é deslocado no espetro infravermelho de HFP-GN/LiPFó, o que pode ser devido à coordenação entre grupos polares em GN e Li^+ , resultando na interação enfraquecida entre Li^+ e PFÓ' em LiPFó. Para verificar a interação entre os grupos polares no GN e o Li^+ , foram realizados testes XPS. Como se mostra na Fig. 2(a, b), em comparação com o LiPFó inicial, o pico de Lils no HFP-GN que absorveu electrólitos LiPFó, desloca-se para uma gama mais baixa de energia de ligação. Isto indica que os electrões dos grupos polares que doam electrões são transferidos de N ou O para Li^+ e aumentam a densidade da nuvem de electrões em torno de Li^+ . Além disso, após a absorção do eletrólito LiPFó, os Nls e Ols da HFP-GN deslocaram-se significativamente para uma posição de energia de ligação mais elevada do que a da HFP-GN na Fig. 2(c-f). Isto pode dever-se à diminuição da densidade da nuvem de electrões em torno do átomo N e O dos grupos polares.[41] Além disso, foi efectuado um cálculo DFT para verificar a função da GN na rede 3D da HFP-GN na construção dos canais percolados de Li^+ . No estado de equilíbrio térmico, a configuração estável de Li^+ absorvida em grupos polares foi construída por acoplamento iónico de Li^+ com O e N na Fig. 2(g), que exibem uma energia de ligação (Eь) de -0,57 eV, -0,668 eV e -0,74 eV, e apresentam a forte interação entre GN e Li^+ . Assim, a introdução de GN enfraquece a interação Li-PFó, e melhora o grau de dissociação LiPFó.[42] Estas medições podem confirmar que a introdução de GN pode melhorar significativamente a eficiência de transporte de iões do GPEHFP-GN.

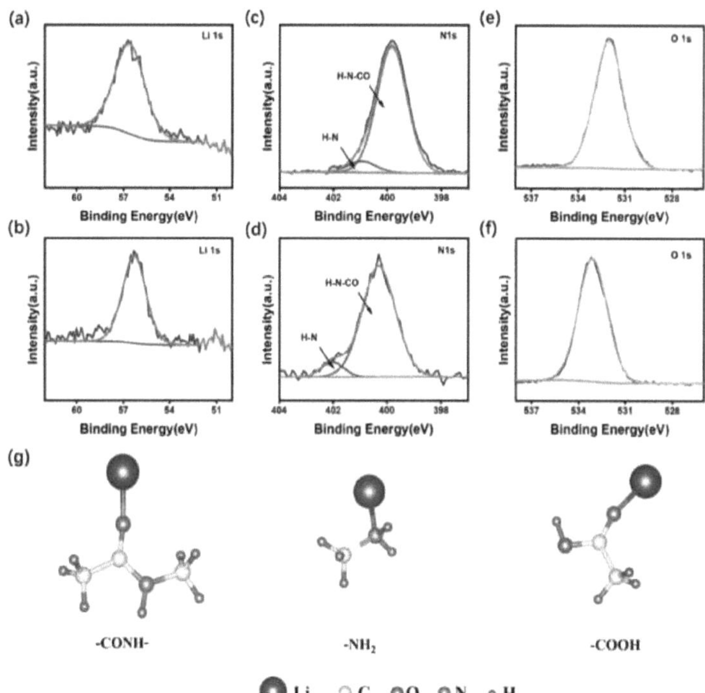

FIGURA 2 Os espectros XPS do picoLils de (a) LiPFe e (b) HFP-GN após adsorção deLiPFe. Os espectros XPS do picoNls,Ols de (c, e) HFP-GN e (d, f) HFP-GN após adsorção deLiPFe. (g) As estruturas optimizadas de Li^+ com vários grupos polares em GN absorvidos por -CONH-, -NH2, e -COOH em GN, respetivamente.

Para que o GN desempenhe um melhor papel no PVDF-HFP, optimizámos o conteúdo adicionado de GN. Como se mostra na Fig. S5, o GPE HFP-GN com uma solução de GN a 0,25wt% tem um desempenho ótimo. Em seguida, foi realizada a propriedade de transporte de iões do Celgard, do PVDF-HFP GPE e do HFP- GN GPE. De acordo com a Eq. (3) e a Fig. 3 (a), a condutividade iônica de Celgard, PVDF-HFP GPE e HFP-GN GPE é 0,83xl0 '3 S cm' 1, I ИГ S cm' 1, 1,27xl0' 3 S cm' 1 a 25 ° C. A alta condutividade iônica do HFP-GN GPE pode atender melhor às demandas de aplicações práticas. Além disso, a dependência da temperatura da condutividade iónica é mostrada na Fig. 3(b). Calculada pela Eq. (5), a energia de ativação do GPE HFP-GN (0,074 eV) é ligeiramente inferior à do GPE Celgard e PVDF-HFP.

Por outras palavras, o ião de lítio no HFP-GN GPE requer muito pouca energia e barreira potencial para se mover no eletrólito, o que é consistente com a maior condutividade iónica do HFP-GN GPE. Estas vantagens do HFP-GN GPE devem-se principalmente à sua estrutura 3D porosa de electrospinning e à melhor molhabilidade dos electrólitos líquidos.[25] Mais importante ainda, os grupos polares no GN são propícios ao transporte de iões de lítio. A estabilidade eletroquímica de diferentes GPEs é confirmada por LSV.[43] Na Fig. 3(c), o desempenho eletroquímico do Celgard é estável abaixo de 4,25 V. Pelo contrário, o GPE PVDF-HFP e o GPE HFP-GN não apresentam uma corrente de oxidação óbvia abaixo de ~5 V,

e a tensão de decomposição do GPE HFP-GN é ligeiramente superior, o que indica que o HFP-

O GN GPE tem boa estabilidade eletroquímica e resistência à oxidação.

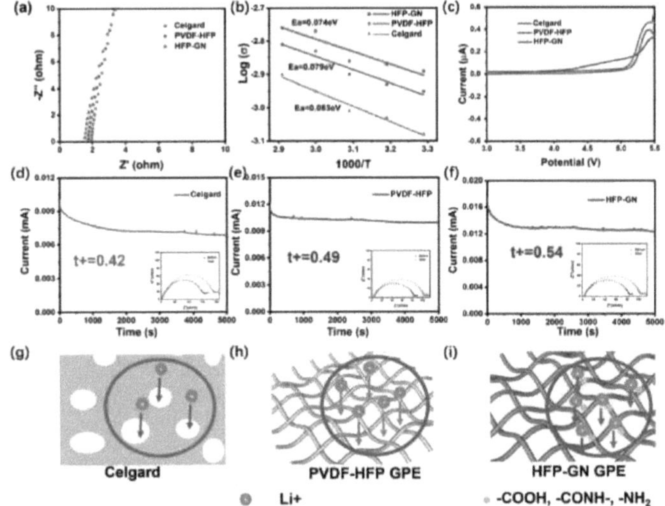

FIGURA 3 Os desempenhos electroquímicos de Celgard, PVDF-HFP e HFP-GN: (a) curvas EIS, (b) gráficos Arrhenius, (c) curvas LSV e (d-f) curvas de cronoamperometria com uma tensão de passo de 2 mV (os insertos apresentam o gráfico EIS antes e depois da polarização) de células Li//Li utilizando Celgard, PVDF-HFP e HFP-GN.(g-i) O esquema correspondente do transporte iónico para Celgard, PVDF-HFP GPE e HFP-GN GPE.

O t^+ é comparado através da montagem de baterias simétricas Li//Li com Celgard, PVDF-HFP GPE e HFP-GN GPE. Conforme apresentado na Fig. 3(d-f), são obtidas curvas de corrente-tempo com diferentes electrólitos, e os esquemas relacionados com o transporte de iões de lítio são apresentados na Fig. 3(g-i). A Fig. 3(f) mostra que o t^+ do GPE HFP-GN é 0,54, sendo superior ao do Celgard (0,42) sem canais eficientes de transporte de iões de lítio (Fig. 3(d, g)) e ao do GPE PVDF-HFP (0,49, Fig. 3(e, h)) com a estrutura 3D. Este resultado resulta do facto de o GPE HFP-GN possuir a estrutura de rede porosa 3D e a coordenação de grupos polares com Li^+ . Além disso, um t^+ elevado permite obter cargas e descargas rápidas, diminuir a polarização da concentração de Li^+ e evitar o crescimento de dendritos de lítio.

Com base na discussão acima, propusemos o mecanismo de influência dos GPEs na deposição de lítio. As figuras. 4(a, b) mostram os mecanismos de influência do Celgard e do HFP- GN GPE no ânodo de Li. Sabe-se que o Celgard é fraco em termos de molhabilidade, o que se manifesta numa fraca compatibilidade interfacial e numa deposição irregular de lítio (Fig. 4(a)). No entanto, o HFP-GN GPE tem uma elevada porosidade, uma boa molhabilidade do eletrólito e uma distribuição uniforme do tamanho dos poros, contribuindo para a homogeneização do fluxo de iões de lítio e restringindo o crescimento de dendritos de lítio, como se mostra na Fig. 4(b). Além disso, a presença de grupos polares no GN homogeneíza ainda mais a deposição de lítio, ajudando assim a evitar a formação de dendritos de lítio (Fig. 4(c)).[44]

Para avaliar o efeito do HFP-GN GPE no ânodo de Li, foi realizada uma série de testes de desempenho eletroquímico nas baterias simétricas de Li//Li montadas. Sob a condição fixa de 1 h, o rácio da bateria de lítio simétrica foi medido com diferentes densidades de corrente de 0,5-3 mA cm'(2) (Fig. 4(d)). À medida que a densidade de corrente aumenta, devido à sua estrutura de rede 3D, o PVDF-HFP GPE tem um desempenho de taxa mais elevado do que o Celgard; a célula HFP-GN GPE com a estrutura de rede 3D e grupos polares tem sempre o menor sobrepotencial (cerca de 30-103 mV). Depois disso, testámos o desempenho cíclico das células Li//Li montadas por Celgard e HFP-GN GPE. Mesmo a 1 mA cm'^{2} e 1 mAh cm'^{2} (Fig. 4(e)), a Li/HFP-GN GPE/Li mantém uma excelente estabilidade após 500 h. Além disso, a bateria com HFP-GN GPE apresenta um patamar de tensão de carga-descarga suave e quase não tem histerese de tensão (o gráfico inserido na Fig. 4(e)). As meias-células de Li//Cu com Celgard e HFP-GN GPE são estudadas. Como mostra a Fig. S6, em comparação com o Celgard, o Li/HFP-GN GPE/Cu tem uma eficiência de coulomb mais estável a 1 mA cm'^{2} após 100 ciclos. Estes resultados podem ser atribuídos ao facto de o HFP-GN GPE com redes 3D e interação entre grupos polares e Li^+ poder homogeneizar a deposição de lítio e estabilizar a interface do eletrólito sólido (SEI). Assim, a utilização de HFP-GN GPE contribui para reduzir a histerese de tensão da bateria simétrica e prolongar a vida útil do ânodo de Li.

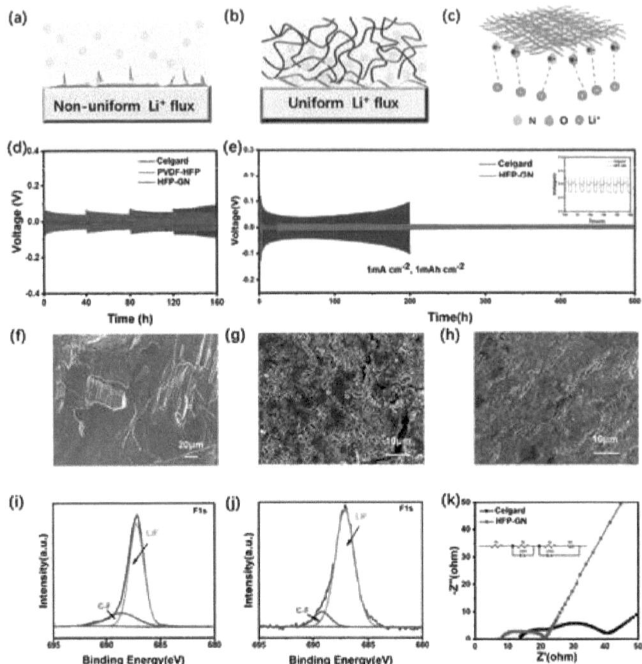

FIGURA 4. Diagrama esquemático do comportamento eletroquímico do ânodo de Li com diferentes electrólitos: (a) Celgard e (b, c) HFP-GN GPE. (d) O desempenho da taxa de células simétricas de Li//Li usando Celgard, PVDF-HFP GPE e HFP-GN GPE. (e) Longo período de 1 mA cm$'^{2}$ e 1 mAh cm$'^{2}$ de célulasLi//Li com Celgard e HFP-GN GPE (O gráfico inserido no canto superior direito: curvas de tensão amplificadas para um período de tempo). Imagens SEM de (f) baterias iniciais de Li e Li//Li com (g) Celgard e (h) GPE HFP-GN correspondentes à superfície de lítio metálico foram desmontadas a 1 mA cm$'^{2}$ após 50 ciclos. FIs Espectros XPS das superfícies de lítio metálico de células com (i) Celgard e (j) HFP-GN GPEs, (k) Espectros EIS de células simétricas de Li com Celgard e HFP-GN GPE após 50 ciclos.

Além disso, estudámos a morfologia do lítio e os componentes da bateria Li/Celgard/Li e da bateria Li/HFP-GN GPE/Li após 50 ciclos por SEM e XPS. Ao contrário do lítio inicial (Fig. 4(f)), a superfície de lítio do HFP-GN GPE (Fig. 4(h)) é mais plana do que a do Celgard (Fig. 4(g)). A composição química da superfície de lítio metálico correspondente ao Celgard e ao HFP-GN é quase semelhante, mas as quantidades de certos componentes são diferentes. No caso do Celgard (Fig. 4(i) e Fig. S7(a)), há menos componentes inorgânicos (como o LiF) e mais componentes orgânicos (como o policarbonato) do que no HFP-GN GPE (Fig. 4(j), Fig. S7(b)). Além disso, o componente mais orgânico na camada SEI da bateria Li/Celgard/Li deve-se principalmente à destruição da SEI causada pela deposição desigual de lítio. E depois, a reparação contínua da SEI leva ao aumento da espessura dos componentes orgânicos,[45] o que pode ser confirmado pelas imagens SEM de secção transversal correspondentes (Fig. S8). Além disso, estudos demonstraram que a SEI inclui principalmente SEI internamente densa e SEI externamente solta, e a SEI internamente densa é vital para evitar reacções com electrólitos.[46, 47] Assim, a maior proporção de componentes inorgânicos com GPEs HFP-GN reflecte a SEI mais estável, sugerindo que o fluxo homogéneo de Li^+ é benéfico para a obtenção de deposição de lítio sem dendrite. Após 50 ciclos, os EIS das células com Celgard e HFP-GN GPE estão representados na Fig. 4(k) e na Tabela. S2. O R1 representa a resistência global, enquanto os dois semicírculos correspondem à resistência da película SEI (R2) e à resistência à transferência de carga (R3). Na Fig. 4(k), a HFP-GN pode promover a deposição uniforme de iões de lítio para formar uma SEI mais estável,[48] conduzindo a uma menor resistência da película SEI (R2: 7,5 Ω). No entanto, o Li/Celgard/Li apresenta uma grande resistência da película SEI (R2: 9,8 Ω), resultante da rutura e reparação contínuas da SEI, e subsequente consumo de eletrólito e crescimento de dendrite. Além disso, a resistência à transferência de carga do Li/HFP-GN GPE/Li (R3: 5,6 Ω) também é muito menor do que a do Li/Celgard/Li (R3: 14,9 Ω), o que se deve principalmente à elevada condutividade iónica do HFP-GN GPE.

Os desempenhos dos LMBs baseados em Celgard e GPEs foram examinados através da montagem com cátodos LFP. A Fig. S9(a) mostra as curvas CV a 0,1 mV s'^{1}, podendo ver-se que o Celgard e o HFP-GN GPE têm dois picos de oxidação e dois picos de redução típicos numa gama de tensões de 3-3,8 V. Em contrapartida, na Fig. S9(a), a célula com HFP-GN GPE tem uma diferença de pico redox mais pequena e uma corrente de pico maior, o que mostra uma polarização mais baixa, uma melhor reversibilidade redox e uma difusão mais rápida do ião de lítio do que o Celgard. Na Fig. S9(b), o pico de oxidação e redução do LFP/HFP-GN GPE/Li aparece a 3,59 V e 3,31 V no primeiro ciclo. Além disso, as curvas CV sobrepostas do segundo

e os terceiros ciclos reflectem um bom processo redox eletroquímico reversível e uma elevada compatibilidade dos GPE LFP e HFP-GN. Com o aumento das taxas de varrimento, os picos redox dos GPE Celgard e HFP-GN tornam-se mais largos, o que está relacionado com o aumento gradual da polarização, mas ainda apresentam uma forma de pico óbvia (Fig. S9(c, d)). Com base na relação entre as diferentes taxas de varrimento e a corrente de pico correspondente (I_p) (Fig. S9(e, f)), o coeficiente de difusão do ião de lítio é calculado pela Eq. (4). O DLì+ do GPE HFP-GN (2,7xl0$'^{13}$ cm^2 s'^{1}, 2,1xl0$'^{13}$ cm^2 s'^{1}) é superior ao do Celgard f?1x10"!3

$15x10^{-13}$

(4.11V VIH o ,t.J t V V1U o /.

Foram testados os desempenhos de ciclo longo e de taxa das baterias LFP/Celgard/Li e LFP/HFP-GN GPEs/Li. Como se mostra na Fig. 5(a), a célula que utiliza o GPE HFP-GN mantém a capacidade dell5 mAh g'^{1} após 200 ciclos a 1 C, enquanto o Celgard apresenta uma capacidade de 89 mAh g'^{1}. Entretanto, após

500 ciclos a 2 C, a capacidade da bateria LFP/HFP-GN GPE/Li é de 101,2 mAh g'[1] com uma taxa de retenção de 70%, que é muito superior à da Celgard (24,6%) na Fig. 5(b). Mesmo a 5 C (Fig. 5(d)), a bateria com HFP-GN GPE retém 61,4 mAh g'[1]. Estes resultados sugerem que o HFP-GN GPE pode melhorar a estabilidade do ciclo das LMBs. A Figura. 5(c) reflecte o desempenho da taxa de diferentes LMBs. A capacidade da bateria LFP/Celgard/Li é de 142,8, 128,8, 125,6, 109,96, 94,3, 80,1 e 66,88 mAh g^{-1} a 0,2, 0,5, 1, 2, 3, 4, 5 C; LFP/HFP-GN GPE/Li é de 156, 151, 143,25, 128,2, 115,2, 100,3 e 88,96 mAh g^{-1}. Na Fig. S10(a, b), o LFP/HFP-GN GPE/Li não só apresenta a capacidade específica mais elevada, como também tem a tensão de polarização mais baixa. Quando a carga de área do cátodo de LFP é de ~11 mg cm'[(2)] (Fig. 5(e)), a bateria com HFP- GN GPE ainda demonstra uma boa estabilidade cíclica. Como todos sabemos, o GPE tem uma boa deformabilidade, pelo que pode ter um excelente contacto interfacial com o ânodo de Li. Para compreender claramente a estabilidade do GPE Li/HFP-GN, estudámos a secção transversal SEM do GPE Li/Celgard e Li/HFP-GN após 50 ciclos na Fig. Sil. Em Li/Celgard, pode observar-se que o Celgard está completamente separado do ânodo de Li (Fig. Sll(a)). Pelo contrário, na Fig. Sll(b, c), o GPE Li/HFP-GN apresenta uma boa interface contínua. Além disso, o GPE HFP-GN preenche bem o espaço entre o ânodo de Li e o GPE, o que encurta o caminho de transmissão do ião de lítio. Na Tabela. S3, o desempenho do HFP-GN GPE é comparado com os dos GPE mais recentes. É evidente que as células que utilizam HFP-GN GPE demonstram desempenhos mais estáveis.[49,55] Para demonstrar as aplicações dos HFP-GN GPE em baterias flexíveis, foi medido o desempenho do ciclo da bateria de bolsa montada com base no HFP-GN GPE, como se mostra na Fig. 5(f). A bateria de bolsa tem uma capacidade de 5,8 mAh e mantém a elevada taxa de retenção de capacidade de 84% após 50 ciclos. A Figura. 5(g) mostra uma imagem ótica de uma célula flexível em série com um díodo emissor de luz (LED) azul. A pilha pode acender continuamente o LED nos estados plano e de engaste com uma luminosidade constante. Para além disso, quando o

A bateria da bolsa é cortada num canto, mas continua a acender o LED sem curto-circuito interno, o que sugere uma maior segurança dos LMBs.

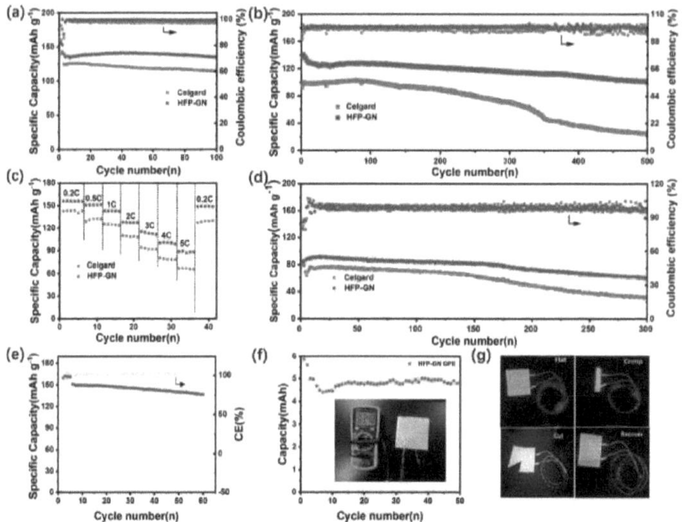

FIGURA 5 (a, b) desempenhos dos ciclos a 1C e 2 C, e (c) desempenhos das taxas das bateriasLFP//Li montadas pelos GPE Celgard e HFP-GN. (d) Desempenhos dos ciclos a 5C das baterias LFP//Li montadas por Celgard e HFP-GN GPE. (e) Desempenhos dos ciclos a 0,5 C das baterias flexíveis LFP/HFP-GN GPE/Li montadas por Celgard e HFP-GN GPE. (g) Demonstração da bateria flexível LFP/HFP-GN GPE/Li ligada em série a um díodo emissor de luz azul (LED): a bateria foi capaz de alimentar continuamente o LED azul nos estados plano, engaste e corte.

De acordo com o resultado LSV acima, o HFP-GN GPE tem uma ampla janela de estabilidade eletroquímica. Para verificar a aplicação do HFP-GN GPE em LMBs, montámos células com cátodos de LiCoO2 de alta tensão. Na Fig. 6 (a, b), a capacidade do LiCoO2/Celgard/Li após 10, 20 e 50 ciclos mostra uma tendência óbvia de atenuação e a tensão de polarização é de 0,12V. No entanto, o LiCoO2/HFP-GN GPE/Li apresenta alterações de capacidade muito fracas e uma pequena tensão de polarização (0,09 V), indicando que o HFP-GN GPE pode melhorar significativamente a estabilidade do ciclo das baterias LiCoO2//Li. O EIS das baterias LiCoO2//Li após 50 ciclos é apresentado na Fig. 6(c) e na Tabela. S4. A bateria com HFP-GN GPE exibe a baixa resistência à transferência de carga (R3: 7,9 Ω), que é menor do que a de Celgard (R3: 20,2 Ω). Assim, a estrutura de alta porosidade e a presença de grupos polares de HFP-GN GPE podem efetivamente diminuir a resistência durante a migração de Li + e promover a reação eletroquímica. As três curvas CV do LiCoO2/HFP-GN GPE/Li coincidem quase exatamente, reflectindo o bom processo eletroquímico reversível e a elevada compatibilidade do HFP-GN GPE com o LiCoO2 (Fig.

6(d)).

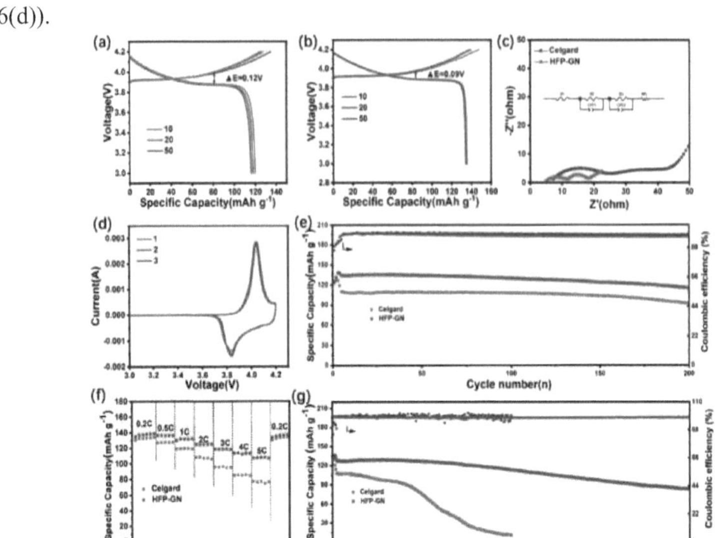

FIGURA 6 Desempenho eletroquímico das células LiCoO2//Li montadas por GPE Celgard e HFP-GN: (a) curvas carga-descarga deLiCoO2/Celgard/Li e (b) LÌCOO2/HFP-GN GPE/Li a 1 C; (c) curva EIS após o ciclo; (d) curva CV deLiCoO2/HFP-GN GPE/Li a 1 mV s'[1]; desempenho cíclico das baterias LÌCOO2//LÌ a (e) 1 C e (g) 2 C, (f) desempenho da taxa de bateriasLiCoO2//Li.

As figuras. 6(e, g) apresentam os desempenhos ciclísticos das células LiCoO2/Celgard/Li e das células LÌCOO2/HFP-GN GPE/Li. Na Fig. 6(e), após 200 ciclos a 1 C, a célula que utiliza HFP-

O GN GPE tem uma capacidade de retenção de 116 mAh g'[1] com uma taxa de retenção de capacidade de 92% e uma taxa de decaimento da capacidade de apenas 0,02%. No entanto, a capacidade da célula LiCoOi/Celgard/Li é de 92,3 mAh g'[1] com uma baixa taxa de retenção de capacidade de 75%. Mesmo após 400 ciclos a 2 C (Fig. 6(g)), a célula LiCoOi/HFP-GN GPE/Li ainda mantém uma elevada capacidade de 83,4 mAh g'[1]. Para além disso, a 0,2, 0,5, 1, 2, 3, 4, 5 C, a capacidade da pilha L1COO2/HFP-GN GPE/Li é de 137, 136,4, 130, 125, 118,7, 113,4 e 107 mAh g[1], o que é superior à da Celgard na Fig. 6(f). Pode concluir-se que a célula L1COO2/HFP-GN GPE/Li possui uma estabilidade de ciclo e um desempenho de taxa soberbos.

4. CONCLUSÕES

Em resumo, foi preparado um tipo de HFP-GN GPE para aumentar a segurança dos LMBs e evitar o crescimento de dendritos de lítio. Com a ajuda da estrutura de rede electrospinning do PVDF-HFP e da propriedade sol-gel do GN, os GPE HFP-GN têm uma excelente afinidade para electrólitos líquidos, condutividade iónica, resistência mecânica e segurança . Os grupos polares em GN são propícios à formação de coordenação com Li^+ para promover a deposição uniforme de lítio. Como resultado, a célula LFP//LÌ usando HFP-GN GPE mostra uma excelente estabilidade de ciclo a 5 C com mais de 300 ciclos e uma baixa taxa de decaimento de capacidade de 0,09% por ciclo. Após 400 ciclos a 2 C, a célula LÌCOO2/HFP-GN GPE/Li ainda mantém uma capacidade de descarga de 83,4 mAh g'^{1}. Espera-se que esta estratégia inteligente produza LMBs seguros com desempenhos avançados.

AGRADECIMENTOS

O trabalho foi apoiado pela Fundação Nacional de Ciências Naturais da China (n.º 51502269, 51972287, U2004172), pela Fundação de Ciências Naturais da Província de Henan (n.º 202300410368, 222301420039), pela Fundação para Professores-Chave das Universidades da Província de Henan (n.º 2020GGJS009) e pelo Programa de Patrocínio de Talentos de Inovação Científica e Tecnológica nas Universidades da Província de Henan (23HASTIT001).

REFERÊNCIAS

[1] Guo Wang, Z.; Hou, L. P.; Li, Z.; Liang, J. L.; Zhou, M. Y; Zhao, C. Z.; Zeng, X.; Li, B. Q.; Chen, A.; Zhang, X. Q. et al. Aditivos de nitrato orgânico altamente solúveis para a prática do lítio metálico
baterias. *Carbon Energy* **2022,** *5*, e283.

[2] Arrese-Igor, M.; Martinez-Ibañez, M.; Orue, A.; Pavlenko, E.; Dumont, E.; Armand, M.; Aguesse, F.; Aranguren, P. L. Influência da temperatura de operação no envelhecimento e nas interfaces de baterias de Li metal de estado sólido de eletrólito de polímero de camada dupla. *Nano Res.* **2023,***16*, 8377-8384.

[3] Liu, Y; Sun, J.; Hu, X.; Li, Y; Du, H.; Wang, K.; Du, Z.; Gong, X.; Ai, W.; Huang, W. Dependência de sítios litiofílicos da deposição de lítio em ânodos hospedeiros de metal Li. *Nano Energy* **2022,** *94*, 106883.

[4] Ma, Y; Wan, J.; Yang, Y; Ye, Y; Xiao, X.; Boyle, D. T.; Burke, W.; Huang, Z.; Chen, H.; Cui, Y. et al. Electrólitos de polímeros sólidos escaláveis, ultrafinos e resistentes a altas temperaturas para baterias de lítio metálico com elevada densidade energética. *Adv. Energy Mater.* **2022,** *12*, 2103720.

[5] Kim, J. H.; Kim, J. M.; Cho, S. K.; Kim, N. Y; Lee, S. Y. Cátodos de alta carga de massa redox-homogéneos, incorporados em eletrólito de gel para baterias de lítio metálico de alta energia. *Nat. Commun.* **2022,***13*, 2541.

[6] Xiang, Y; Tao, M.; Chen, X.; Shan, P.; Zhao, D.; Wu, J.; Lin, M.; Liu, X.; He, H.; Zhao, W. et al. Formação induzida por gás de Li inativo em baterias recarregáveis de lítio metálico. *Nat.*

Commun. **2023,** *14*, 177.
[7] Canção, J.; Liao, K.; Si, J.; Zhao, C.; Wang, J.; Zhou, M.; Liang, H.; Gong, J.; Cheng, Y.-J.; Gao, J. et al. Eletrólito de polímero de gel líquido iônico funcionalizado com fosfonato com alta segurança para baterias de lítio metálico sem dendrito. *ACSAppl. Mater. Interfaces* **2023,***15*, 2901-2910.
[8] Han, L.; Liao, C.; Liu, Y; Yu, H.; Zhang, S.; Zhu, Y; Li, Z.; Li, X.; Kan, Y; Hu, Y. Eletrólito de polímero TPU em gel com estrutura em sanduíche não inflamável sem adição de retardador de chama para baterias de iões de lítio de elevado desempenho. *Material de armazenamento de energia.* **2022,** *52*, 562-572.
[9] Pei, X.; Li, Y; Ou, T.; Liang, X.; Yang, Y; Jia, E.; Tan, Y; Guo, S. Eletrólito de polímero em gel eutéctico profundo induzido pela interação Li-N para baterias de lítio-metal de elevado desempenho. *Angew. Chem. Int. Ed.* **2022,** *61*, e202205075.
[10] Yang, Q.; Deng, N.; Chen, J.; Cheng, B.; Kang, W. Os recentes progressos da investigação e as perspectivas dos electrólitos de polímero em gel nas baterias de lítio-enxofre. *Chem. Eng. J.* ***2021,*** *413*, 127427.
[11] Ren, W.; Ding, C.; Fu, X.; Huang, Y. Eletrólitos de polímero de gel avançados para baterias de lítio metálico seguras e duráveis: desafios, estratégias e perspectivas.*Energy Storage Mater.* **2021,** *34,* 515-535.
[12] Mu, X.; Li, X.; Liao, C.; Yu, H.; Jin, Y; Yu, B.; Han, L.; Chen, L.; Kan, Y; Song, L. et al. Eletrólito de polímero em gel não inflamável interfacial estável fixado com fósforo para baterias de iões de lítio flexíveis e seguras. *Adv. Funct. Mater.* **2022,** *32*, 2203006.
[13] Huang, R.; Xu, R.; Zhang, J.; Wang, J.; Zhou, T.; Liu, M.; Wang, X. Eletrólito de polímero em gel baseado em PVDF-HFP-SN para baterias de íon-lítio de alto desempenho. Nano Res. 2023, 16, 9480-9487.
[14] Zhu, J.; Zhang, J.; Zhao, R.; Zhao, Y; Liu, J.; Xu, N.; Wan, X.; Li, C.; Ma, Y; Zhang, H. et al. Eletrólito de polímero de gel reticulado 3D in situ para baterias de lítio metálico de ciclo ultra-longo, alta tensão e alta segurança. Energy Storage Mater. 2023, 57, 92-101.
[15] Li, K.; Shen, W.; Xu, T.; Yang, L.; Xu, X.; Yang, F.; Zhang, L.; Wang, Y; Zhou, Y; Zhong, M. et al. Eletrólito de polímero de gel fibroso para uma bateria de íon-lítio flexível ultraestável e altamente segura em uma ampla faixa de temperatura. Energia de carbono 2021, 3.916.
[16] Ma, C.; Cui, W.; Liu, X.; Ding, Y.; Wang, Y. Preparação in situ de eletrólito de polímero em gel para baterias de lítio: progresso e perspectivas. InfoMat 2021, 4, el2232.
[17] Zhao, H.; Deng, N.; Kang, W.; Cheng, B. Conceção de um eletrólito de gel híbrido orgânico-inorgânico à base de nanofibras multinível que permite uma bateria de iões de lítio inovadora com capacidade de transporte iónico superior e segurança avançada. Chem. Eng. J. 2020, 390, 124571.
[18] Hu, Z.; Zhang, Y; Fan, W.; Li, X.; Huo, S.; Jing, X.; Bao, W.; Zhang, Y; Cheng, H. Membranas flexíveis, resistentes a altas temperaturas, altamente condutoras e porosas de eletrólito condutor de iões únicos à base de siloxano para baterias de lítio-metal seguras e sem dendrite. J. Membr. Sci. 2023, 668, 121275.
[19] Zhou, C.; He, Q.; Li, Z.; Meng, J.; Hong, X.; Li, Y; Zhao, Y; Xu, X.; Mai, L. Separador

electrospun robusto modificado com estruturas metal-orgânicas cultivadas in situ para baterias de lítio-enxofre. Chem. Eng. J. 2020, 395, 124979.
[20] Liu, M.; Deng, N.; Ju, J.; Fan, L.; Wang, L.; Li, Z.; Zhao, H.; Yang, G.; Kang, W.; Yan, J.et al. Uma revisão: materiais de nanofibra electrospun para baterias de lítio-enxofre. Adv. Funct. Mater. 2019, 29, 1905467.
[21] Zhang, Y; Zhang, X.; Silva, S. R. P.; Ding, B.; Zhang, P.; Shao, G. As baterias de lítio-enxofre encontram electrospinning: avanços recentes e os parâmetros-chave para uma elevada densidade de energia gravimétrica e volumétrica. Adv. Sci. 2022, 9, 2103879.
[22] Hou, R.; Zhang, S.; Zhang, Y; Li, N.; Wang, S.; Ding, B.; Shao, G.; Zhang, P. Uma configuração de "três regiões" para cinética eletroquímica melhorada e baterias de lítio-enxofre de elevada capacidade. Adv. Funct. Mater. 2022, 32, 2200302.
[23] Zhang, Y; Zhang, P.; Zhang, S.; Wang, Z.; Li, N.; Silva, S. R. P.; Shao, G. Um metal flexível Nanofibra de TiC/grafeno vertical 1D/2D heteroestruturado como electrocatalisador ativo para baterias Li-S avançadas, InfoMat2021, 3, 790-803.
[24] Liu, K.; Zhang, X.; Miao, F.; Wang, Z.; Zhang, S.; Zhang, Y; Zhang, P.; Shao, G. Transição de fase induzida por intercalação eletroquímica in situ para melhorar o desempenho catalítico da bateria de lítio-sulfeto. Small 2021, 17, 2100065.
[25] Zhao, H.; Deng, N.; Kang, W.; Li, Z.; Wang, G.; Cheng, B. Separador de poli(fluoreto de vinilideno-hexafluoropropileno)/poli-m-fenilenoisoftalamida estrutural altamente multiescala com compatibilidade de interface melhorada e distribuição uniforme do fluxo de iões de lítio para baterias de lítio-metal à prova de dendrite. Energy Storage Mater. 2020, 26, 334-348.
[26] Zhao, H.; Kang, W.; Deng, N.; Liu, M.; Cheng, B. Um separador de nanofibras de poli-m-fenilenoisoftalamida em gel de estrutura hierárquica fresca assistido por nanoclay-filler eletronegativo para bateria de íon-lítio de alto desempenho e segurança avançada. Chem. Eng. J. 2020, 384, 123312.
[27] Sheng, J.; Zhang, Q.; Sun, C.; Wang, J.; Zhong, X.; Chen, B.; Li, C.; Gao, R.; Han, Z.; Zhou, G. Electrólitos de estado sólido reforçados com nanofibras reticuladas com efeito de fixação de polissulfureto para baterias de lítio-enxofre flexíveis de elevada segurança. Adv. Funct. Mater. 2022, 32, 2203272.
[28] Yan, W.; Wei, J.; Chen, T.; Duan, L.; Wang, L.; Xue, X.; Chen, R.; Kong, W.; Lin, H.; Li, C.et al. Baterias de lítio-enxofre superestendidas, termoestáveis e de carga ultra-alta baseadas em cátodos de gel nanoestrutural e eletrólitos de gel. Nano Energy 2021, 80, 105510.
[29] Zhao, D.; Martinelli, A.; Willfahrt, A.; Fischer, T.; Bernin, D.; Khan, Z. U.; Shahi, M.; Brill, J.; Jonsson, M. P.; Fabiano, S. et al. Géis de polímero com coeficiente Seebeck iônico ajustável para termopilhas impressas ultrassensíveis. Nat. Commun. 2019, 10, 1093.
[30] Lei, D.; He, Y. B.; Huang, H.; Yuan, Y; Zhong, G.; Zhao, Q.; Hao, X.; Zhang, D.; Lai, C.; Zhang, S.et al. Nanofios de alumina beta reticulados com revestimento compacto de eletrólito de polímero em gel para bateria de sódio metálico ultra-estável. Nat. Commun. 2019, 10, 4244.
[31] Liang, H. P.; Zarrabeitia, M.; Chen, Z.; Jovanovic, S.; Merz, S.; Granwehr, J.; Passerini, S.; Bresser, D. Eletrólito de mistura de polímero condutor de íon único baseado em polissiloxano

compreendendo carbonatos orgânicos de pequenas moléculas para baterias de lítio-metal de alta energia e alta potência. Adv. Energy Mater. 2022, 12, 2200013.

[32] Kim, J. H.; Go, K.; Lee, K. J.; Kim, H. S. Desempenho melhorado de baterias de lítio metálico de estado sólido através de controlo interfacial físico e químico. Adv. Sci. 2022, 9, e2103433.

[33] Schmid, R.; Schmidt, S. K.; Detsch, R.; Horder, H.; Blunk, T.; Schrüfer, S.; Schubert, D. W.; Fischer, L.; Thievessen, I.; Heitmann-Meyer, S. et al. Um novo hidrogel de alginato/ácido hialurónico/gelatina adequado para a biofabricação de modelos de melanoma metastático in vitro e in vivo. Adv. Funct. Mater. 2021, 32, 2107993.

[34] Deng, Y; Huang, M.; Sun, D.; Hou, Y; Li, Y; Dong, T.; Wang, X.; Zhang, L.; Yang, W. Hidrogéis de rede dupla à base de kappa-Carrageenan com reticulação física dupla e desempenho superior de autocura para aplicação biomédica. ACS Appi. Polym. Mater. 2018, 10, 3197-3205.

[35] Lai, Y; Zhao, Y; Cai, W.; Song, J.; Jia, Y; Ding, B.; Yan, J. Construção de gradiente iónico e interfase litiofílica para ânodo Li-metal de alta taxa. Small 2019, 15, el905171.

[36] Akhtar, N.; Sun, X.; Yasir Akram, M.; Zaman, F.; Wang, W.; Wang, A.; Chen, L.; Zhang, H.; Guan, Y; Huang, Y. Um SEI artificial à base de gelatina para regulação da deposição de lítio e supressão do vaivém de polissulfureto em baterias de lítio-sulfureto. J. Energy Chem. 2021, 52, 310-317.

[37] Sun, R.; Hu, J.; Shi, X.; Wang, J.; Zheng, X.; Zhang, Y; Han, B.; Xia, K.; Gao, Q.; Zhou, C. et al. Aglutinante funcional de reticulação solúvel em água para baterias de lítio-sulfúrico de baixo custo e elevado desempenho. Adv. Funct. Mater. 2021, 31, 2104858.

[38] Huang, Y; Yu, Y; Xu, H.; Zhang, X.; Wang, Z.; Shao, G. Formulação de primeiros princípios de Li(4-3x)YxC14 estruturado tipo espinélio como electrólitos de estado sólido promissores para permitir uma excelente condutividade de iões de lítio e potenciais de oxidação correspondentes a cátodos de alta tensão. J. Mater. Chem. A2021, 9, 14969-14976.

[39] Zhang, X.; Wang, Z.; Shao, G. Identificação teórica da fase MXene em camadas NaxTi4C2O4 como excelentes ânodos para baterias recarregáveis de iões de sódio. J. Mater. Chem. A2020, 8, 11177-11187.

[40] Singh, R.; Janakiraman, S.; Agrawal, A.; Ghosh, S.; Venimadhav, A.; Biswas, K. Um eletrólito de polímero em gel amorfo à base de poli(fluoreto de vinilideno-co-hexafluoropropileno) para baterias de iões de magnésio. J. Electroanal. Chem. 2020, 858, 113788.

[41] Wang, X.; Li, G.; Li, M.; Liu, R.; Li, H.; Li, T.; Sun, M.; Deng, Y; Feng, M.; Chen, Z. Barreira de polissulfeto reforçada por compósito g-C3N4 / CNT para baterias superiores de lítio-enxofre. J. Energy Chem. 2021, 53, 234-240.

[42] Jin, Y; Zong, X.; Zhang, X.; Jia, Z.; Xie, H.; Xiong, Y. Construção de uma rede de transporte 3D percolada por Li+ em electrólitos de polímeros compostos para baterias de lítio recarregáveis de estado quase sólido. Energy Storage Mater. 2022, 49, 433-444.

[43] Jiang, F. N.; Cheng, X. B.; Yang, S. J.; Xie, J.; Yuan, H.; Liu, L.; Huang, J. Q.; Zhang, Q. Electrólitos termoresponsivos para baterias de lítio-metal seguras. Adv. Mater. 2023, 35, 2209114.

[44] Liang, Z.; Zheng, G; Liu, C.; Liu, N.; Li, W.; Yan, K.; Yao, H.; Hsu, P.-C.; Chu, S.; Cui, Y.

Deposição uniforme de lítio guiada por nanofibras de polímero para eletrodos de bateria. Nano Lett. 2015, 15, 2910-2916.
[45] Wang, M.; Wang, J.; Si, J.; Chen, F.; Cao, K.; Chen, C. Separador composto bifuncional com redistribuidor e absorvedor de ânions para baterias de lítio metálico sem dendritos e de carregamento rápido. Chem. Eng. J. 2022, 430, 132971.
[46] Ding, J.-F.; Xu, R.; Yan, C.; Li, B.-Q.; Yuan, H.; Huang, J.-Q. Uma revisão sobre a falha e a regulação da interfase de eletrólito sólido em baterias de lítio. J. Energy Chem. 2021, 59, 306-319.
[47] Cheng, X. B.; Zhang, R.; Zhao, C. Z.; Zhang, Q. Toward safe lithium metal anode in rechargeable batteries: areview. Chem. Rev. 2017, 117, 10403-10473.
[48] Li, S.; Wang, X.-S.; Li, Q.-D.; Liu, Q.; Shi, P.-R.; Yu, J.; Lv, W.; Kang, F.; He, Y-B.; Yang, Q.- H. Uma camada protetora artificial multifuncional para a produção de um ânodo de lítio metálico ultra-estável em um eletrólito de carbonato comercial. J. Mater. Chem. A 2021, 9, 7667-7674.
[49] Jia, D.; Cui, Y; Liu, Q.; Zhou, M.; Huang, J.; Liu, R.; Liu, S.; Zheng, B.; Zhu, Y.; Wu, D. Eletrólitos de polímero multifuncionais baseados em gel de gel para baterias de lítio metálico. Mater. TodayNano 2021, 15, 100128.
[50] Shen, W.; Li, K.; Lv, Y.; Xu, T.; Wei, D.; Liu, Z. Gel altamente seguro e ultra-estável totalmente flexível baterias de iões de lítio de polímero com vista a aplicações escaláveis. Adv. Energy Mater. 2020, 10, 1904281.
[51] Castillo, J.; Santiago, A.; Judez, X.; Garbayo, I.; Coca Clemente, J. A.; Morant-Miñana, M. C.; Villaverde, A.; González-Marcos, J. A.; Zhang, H.; Armand, M. et al. Eletrólito de gel-polímero seguro, flexível e de alto desempenho para baterias recarregáveis de lítio metálico. Chem. Mater. 2021, 33, 8812-8821.
[52] Fang, R.; Xu, B.; Grundish, N. S.; Xia, Y.; Li, Y; Lu, C.; Liu, Y; Wu, N.; Goodenough, J. B. Electrólitos poliméricos à base de PEO integrados em Li2S6 para baterias de lítio-metal totalmente em estado sólido. Angew. Chem. Int. Ed. 2021, 60, 17701-17706.
[53] Luo, K.; Yi, L.; Chen, X.; Yang, L.; Zou, C.; Tao, X.; Li, H.; Wu, T.; Wang, X. Eletrólito de polímero em gel modificado com PVDF-HFP para baterias de lítio metálico de ciclo estável. J. Electroanal. Chem. 2021, 895, 115462.
[54] Kim, D.; Liu, X.; Yu, B.; Mateti, S.; O'Dell, L. A.; Rong, Q.; Chen, Y. Nanofolhas de nitreto de boro funcionalizadas com amina: um novo aditivo funcional para eletrólito de gel de iões robusto e flexível com elevado número de transferência de iões de lítio. Adv. Funct. Mater. 2020, 30, 1910813.
[55] Zhang, S.; Liang, T.; Wang, D.; Xu, Y.; Cui, Y.; Li, J.; Wang, X.; Xia, X.; Gu, C.; Tu, J. Um eletrólito de polímero extensível e seguro com uma estratégia de camada protetora para baterias de lítio metálico de estado sólido. Adv. Sci. 2021, 8, 2003241.

PERGUNTAS E EXERCÍCIOS

1. Quais são as vantagens dos separadores de electrólitos de polímero em relação aos separadores tradicionais de PP?
2. Quais são as capacidades teóricas do LiFePO4 e do L1COO2, respetivamente,

e como são calculadas?

3. A massa de LiFePO4 no cátodo é de 1,5 mg. Qual é o valor da corrente de ensaio a 0,5 C?

4. Como é calculada a eficiência coulombiana de uma bateria durante o ciclo?

CAPÍTULO 3

Montagem in situ de catalisadores unidimensionais de cadeias de carbono para baterias estáveis de lítio-enxofre

1. INTRODUÇÃO

Com o rápido crescimento da procura de dispositivos de alta densidade energética na atual fase de desenvolvimento, as baterias de lítio-enxofre (Li-S) têm atraído muita atenção nos últimos anos devido às suas vantagens de baixo custo, reservas abundantes de enxofre, respeito pelo ambiente e elevada capacidade específica teórica (S: 1675 mAh g^{-1} e Li: 3860 mAh g^{-1}).[1] No entanto, o processo de comercialização das baterias Li-S continua a enfrentar vários obstáculos sérios, por exemplo, a fraca condutividade eléctrica do enxofre e do L12S associado, o notório efeito de vaivém, as enormes alterações de volume durante o processo de funcionamento e o crescimento do lítio dendrítico.[2] Estes factores adversos conduzem sempre a uma cinética redox lenta, a um desvanecimento irreversível da capacidade, a uma falha estrutural prematura e a uma vida útil curta. A fim de ultrapassar os problemas acima mencionados, foram envidados numerosos esforços para a conceção de materiais de acolhimento do cátodo de enxofre, tais como uma variedade de materiais de carbono dopados com átomos, [3] esqueleto poroso associado a diversos electrocatalisadores e materiais compostos de metais polares.[4]

Estes trabalhos provaram que estas medidas podem efetivamente melhorar o desempenho eletroquímico das baterias Li-S. No entanto, a maioria dos trabalhos de investigação nesta fase apenas discute o cátodo de enxofre na perspetiva de suprimir o efeito de vaivém do LiPS e promover cataliticamente a cinética da reação redox do enxofre. Assim, não foi dada muita atenção ao efeito negativo do ânodo metálico de Li no desempenho cíclico das baterias de Li-S devido às suas deficiências inerentes.[5] Embora a utilização direta da folha metálica de Li como ânodo sem quaisquer medidas de proteção traga alguns problemas ocultos às baterias de Li-S em funcionamento, tais como o crescimento incontrolável de dendrite de Li que causa riscos de segurança, Li morto que leva à perda de materiais activos e consome excessivamente eletrólito para formar SEI frágil repetidamente.[6] Tipicamente, a quantidade excessiva de Li foi normalmente utilizada em estudos experimentais anteriores com um rácio elevado de capacidade do elétrodo negativo/positivo (N/P) superior a 50, o que conduziu a uma baixa utilização de Li e a resíduos.[2a] Além disso, o Li metálico que não é utilizado no ânodo também ocupa uma parte da massa, e esta parte do peso inútil reduz a densidade de energia gravimétrica do dispositivo global da bateria. Por conseguinte, a redução do valor da relação N/P através da redução da quantidade de

Li metálico é uma abordagem eficaz para melhorar a densidade de energia gravimétrica das baterias de Li-S.[2a,7] No entanto, o Li metálico perde a integridade mecânica com uma espessura inferior devido à sua suavidade inerente. Estes problemas provocam uma diminuição drástica da eficiência Coulombiana e, subsequentemente, uma falha rápida da bateria.[6b,6d] Para fazer face a estes desafios, muitas estratégias prolongam a vida útil do lítio metálico através de uma conceção razoável da estrutura do ânodo e da introdução de electrocatalisadores litiofílicos para induzir a deposição uniforme de lítio, tendo os trabalhos publicados anteriormente provado que as estratégias acima referidas são eficazes.[8]

No entanto, em estudos anteriores, a influência do complexo ambiente de reação química em sistemas de baterias de lítio-enxofre na atividade dos electrocatalisadores foi frequentemente ignorada, como o LiPS polar, iões de Li activos altamente redutores e até a molécula de solvente, ao conceber os electrocatalisadores correspondentes para o cátodo de enxofre ou o ânodo de lítio. Num ambiente tão agressivo, o electrocatalisador é corroído ou muda de fase ao interagir com moléculas ou iões, o que levará à desativação do electrocatalisador, reduzindo assim a capacidade eletroquímica de todo o dispositivo celular [9]. Vale a pena explorar mais, portanto, para aliviar os problemas do cátodo de enxofre e do ânodo de lítio através de um design de otimização de configuração razoável, garantindo ao mesmo tempo a atividade a longo prazo do electrocatalisador. Recentemente, os materiais hospedeiros de estruturas tridimensionais (3D) à base de carbono, com interespaços suficientes e canais rápidos de transferência de carga eléctrica, têm sido amplamente utilizados como materiais hospedeiros do cátodo de enxofre e do ânodo de Li. [8d, 10]Por exemplo, o aerogel de grafeno reduzido em 3D, as espumas de nanotubos de carbono, o carbono poroso de biomassa e a matriz de nanofios de carbono foram desenvolvidos e provaram estar disponíveis para estabilizar temporariamente o cátodo de enxofre ou o ânodo de Li em dispositivos de bateria.[11] A estrutura única da estrutura 3D à base de carbono pode assegurar um transporte rápido de iões, ao mesmo tempo que acomoda as enormes alterações de volume do cátodo de enxofre e do ânodo de Li durante o ciclo.[2c],3b,10a] Mais do que isso, o substrato de carbono leve tem uma vantagem de peso em comparação com as folhas de Li comerciais quando se carrega a mesma capacidade (mAh cm^{-2}) de Li metálico.[2c] Além disso, uma série de óxidos metálicos litiofílicos, nitretos metálicos e sulfuretos metálicos foram acoplados a aditivos de andaimes de carbono para regular o comportamento de deposição de Li metálico.[5a,6a,6b,(7a),12] Inspirado por estes trabalhos, é possível explorar um material hospedeiro de estrutura 3D litiofílica com efeito catalítico de ação prolongada para espécies contendo enxofre.

Nesta comunicação, preparámos um electrocatalisador de CoSe litiofílico com uma cadeia de carbono unidimensional contínua (CoSe@CCM) utilizando um método fácil de electrospinning como regulador de dupla função para o cátodo de enxofre e o ânodo de Li simultaneamente. As nanopartículas de CoSe distribuídas uniformemente são encapsuladas in situ numa fina camada de carbono devido a um mecanismo de crescimento único. Quando utilizadas como hospedeiras de cátodo, as nanopartículas de CoSe@CCM oferecem fortes capacidades de quimisorção e catálise para suprimir a

O efeito de transporte do LiPS é eficaz e acelera o processo de conversão entre as espécies que contêm enxofre. A camada de carbono actua como uma cadeia de correio de carbono para proteger o CoSe da corrosão do LiPS, assegurando a elevada atividade do electrocatalisador CoSe no processo de ciclo longo. Entretanto, como hospedeiro do ânodo, o CoSe é convertido in situ em LiiSe e Co metálico no processo de pré-litização. O Co metálico abundante na estrutura do substrato actua como os locais preferenciais de nucleação de Li e regula eficazmente o processo subsequente de eletrodeposição de Li. Enquanto o LizSe, com uma excelente condutividade iónica, garante uma elevada taxa de migração de iões Li no processo repetido de revestimento/descasque. E a cadeia de carbono-mail protege o Co metálico da sulfuração, garantindo a caraterística litiofílica do Co metálico como local de deposição de lítio nos ciclos subsequentes. Estes mecanismos foram ainda verificados por simulação teórica da teoria do funcional da densidade (DFT) e por uma variedade de experiências. Além disso, o Li/CoSe@CCM (11,97 mg cm'^{2}) apresenta uma vantagem de peso em relação à folha de Li comercial (15,72 mg cm'^{2}) com a mesma capacidade de Li carregada (20 mAh cm'^{2}). Combinada com essas vantagens, a célula completa CoSe @ CCM-Li / CoSe @ CCM proporcionou excelente estabilidade de ciclagem em uma alta capacidade areal (9,68 mAh cm '^{2}) ao longo de 150 ciclos com maior carga de enxofre (> 10 mg cm' ^{2}) e um eletrólito magro de 5,1 µï mg '^{1}.

2. RESULTADOS E DISCUSSÃO

Figura. SI e a Figura. 1A mostram os princípios de funcionamento das baterias Li-S normais e das células completas Li-S baseadas nos hospedeiros CoSe@CCM, respetivamente. No caso das baterias Li-S convencionais (Figura. SI), o LiPS dissolvido no eletrólito pode permear facilmente através do separador PP para o ânodo metálico de Li corrosivo e, consequentemente, resultar na perda de materiais activos com o rápido decaimento da capacidade eletroquímica. Além disso, sem um confinamento eficaz do ânodo hospedeiro e a deposição desigual de iões Li causará o crescimento de dendrite de lítio, o que leva a curto-circuito da célula e a questões de segurança. No presente trabalho, os CoSe@CCM fabricados foram utilizados como hospedeiros tanto do cátodo de S como do ânodo de Li. Quando aplicado como hospedeiro do cátodo (Figura. 1A-B), o CoSe incorporado nas CNFs como sítios activos dota o andaime de nanofibras de carbono compostas de uma elevada afinidade química para as espécies de enxofre e uma cinética redox de superfície melhorada. Entretanto, para o ânodo, o compósito Li/CoSe@CCM foi fabricado pelo método de eletrodeposição e aplicado como ânodo da célula completa de Li-S. Durante a fase inicial de eletrodeposição, os CoSe são convertidos in situ

para Co metálico e LiiSe. Estes Co metálicos suficientes actuam como nucleação preferencial de Li

para regular eficazmente o subsequente processo de deposição uniforme de Li.

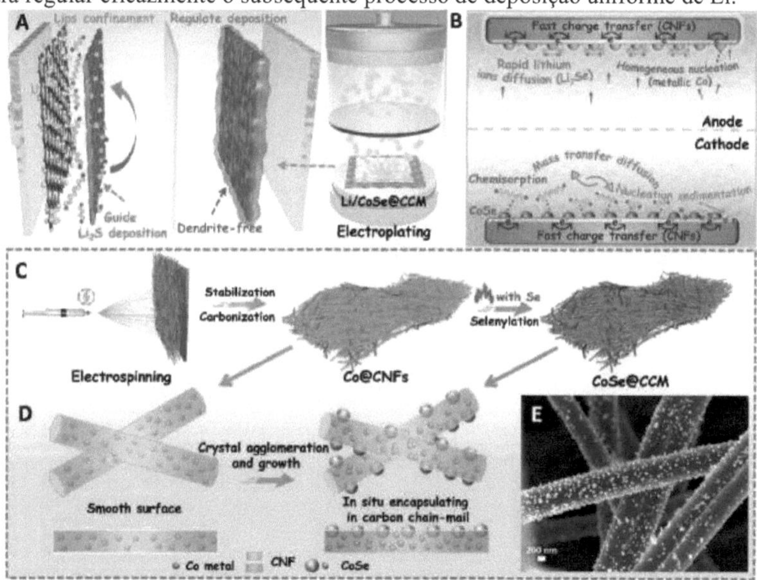

FIGURA 1. Ilustrações esquemáticas do princípio de funcionamento do sistema de célula completa Li-S baseado em (A) CoSe@CCM e (B) cátodo de enxofre/ânodo de Li baseado em CoSe@CCM; (C) Esquema do processo de fabrico de CNFs e CoSe@CCM. (D) Diagrama esquemático da formação de cadeias de carbono e imagens SEM para (E) CoSe@CCM (a carga em massa é de 1,29 mg cm'^{2}).

Enquanto que o LiiSe formado in situ tem uma condutividade iónica mais elevada, o que é extremamente favorável para o processo de revestimento/descasque de Li durante a fase de funcionamento da célula. A Figura 1C ilustra esquematicamente o processo de preparação de CNFs e CoSe@CCM. A membrana de Co@CNFs com caraterísticas de flexibilidade foi fabricada pelo método de electrospinning e por processos de carbonização (as CNFs também foram fabricadas por este processo). As Co@CNFs foram depois recozidas juntamente com pó de selénio para obter CoSe@CCM. As morfologias e microestruturas das CNFs, Co@CNFs e CoSe@CCM foram caracterizadas por microscopia eletrónica de varrimento (SEM). Para as Co@CNFs, a microestrutura da fibra é lisa, sem aglomerados de partículas, semelhante à das CNFs puras, devido ao facto de o Co metálico existir na fibra sob a forma de nanocristais (Figura S2). Durante o processo de selenilação, devido ao facto de o núcleo do cristal de Co ser aquecido para um maior crescimento da aglomeração (crescendo (crescimento do interior da fibra para o exterior) e reação com o vapor de Se, de modo que os CoSe são homogéneos in situ encapsulados na cadeia de carbono com uma morfologia granular (Figura 1D-E). Além disso, a estrutura entrelaçada e o espaço vazio aberto das nanofibras de carbono compostas de CoSe podem aliviar eficazmente o efeito de expansão volumétrica e aumentar ainda mais a estabilidade estrutural dos eléctrodos.

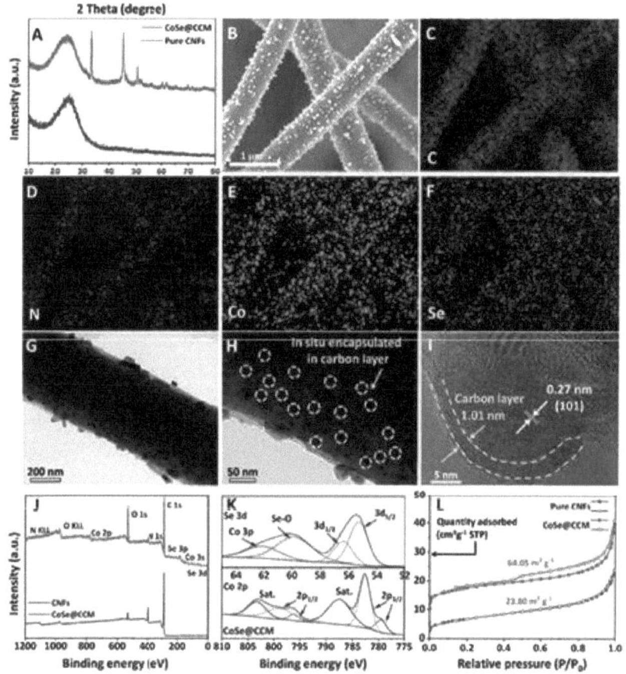

FIGURA 2.(A) Padrão XRD de CNFs e CoSe@CCM, imagens SEM para (B) CoSe@CCM (a carga de massa é de 1,29 mg cm'[2]), e imagens de mapeamento correspondentes para (C) C, (D) N, (E) Co, e (F) Se. Imagens de campo brilhante TEM para (G-H) CoSe@CCM, e (I) imagem HRTEM para CoSe@CCM. (J) Espectro de pesquisa XPS de CNFs e CoSe@CCM, (K) espetro de Se 3d e Co 2p de CoSe@CCM. (L) Isotérmicas de adsorção-dessorção de N2 das amostras de CNFs e CoSe@CCM.

As estruturas cristalinas das CNFs e do CoSe@CCM foram investigadas por difração de raios X (XRD) (Figura 2A). O pico largo localizado a cerca de 26° no XRD

[lb, 10a] Entretanto, os picos caraterísticos do CoSe e do carbono amorfo aparecem concomitantemente no padrão XRD do CoSe@CCM, demonstrando que o compósito CoSe@CCM foi preparado com sucesso e com elevada pureza. [6b,13] Adicionalmente, os espectros Raman de Co@CNFs e CoSe@CCM são apresentados na Figura S3. Na qual os valores ID/IG são 1,14 e 1,13 para Co@CNFs e CoSe@CCM respetivamente, revelando que o grau de grafitização do substrato de carbono condutor não se altera significativamente após o processo de selenização. A resistência quadrada de CNFs puras, Co@CNFs e CoSe@CCM foi medida com um medidor de quatro sondas para investigar o efeito de cada etapa de processamento do tratamento na condutividade do compósito (Tabela SI). É óbvio que a introdução de Co metálico aumentou consideravelmente a condutividade das

Co@CNFs em comparação com as CNFs puras, enquanto a condutividade de CoSe@CCM diminuiu ligeiramente após a selenização, devido ao facto de as partículas de Co com propriedades metálicas serem convertidas na fase metaloide CoSe com caraterísticas semelhantes a semicondutores.

Além disso, a imagem SEM na Figura. 2B mostra a microestrutura das nanopartículas de CoSe nas nanofibras de carbono, e os mapas elementares correspondentes apresentam uma distribuição homogénea dos elementos C, N, Co e Se juntamente com o esqueleto de carbono, indicando que o CoSe se associou uniformemente às CNFs. Além disso, para analisar mais claramente a distribuição dos elementos Co e Se na fibra, foi implementado o SEM para detetar CoSe@CCM com uma ampliação maior (Figura S4). Vale a pena mencionar que os sinais de mapeamento elementar de Co e Se também foram detectados na região onde a morfologia das partículas não foi diretamente observada. Para altas ampliações de microscopia eletrónica de transmissão (TEM), os cristais de CoSe podem ser distinguidos no campo de susto devido ao seu maior número atómico e absorção/espalhamento mais forte de/para feixes de electrões (Figura. 2G-H), e apresenta nanopartículas de CoSe uniformemente distribuídas estão incorporadas no esqueleto de carbono. A estrutura cristalina do compósito CoSe@CCM foi ainda analisada utilizando o HRTEM. A Figura 2I revela um espaçamento de rede de 0,27 nm, que se relaciona com o espaçamento de rede das franjas (101) nos cristais de CoSe. Além disso, graças ao mecanismo de reação entre o núcleo do cristal de Co no interior das fibras e o vapor de Se durante o tratamento térmico de selenização, os CoSe gerados são encapsulados in-situ por uma fina camada de carbono (1,01 nm). Esta fina camada de carbono actua como uma cadeia de carbono para proteger o electrocatalisador CoSe da passivação durante o processo de carga/descarga das baterias LiS, assegurando uma maior atividade electrocatalítica em ciclos de longa duração. Nesta base, a química da superfície dos CNFs e do CoSe@CCM foi detectada por espetroscopia de fotoelectrões de raios X (XPS). Como se pode ver na Figura. 2J, em comparação com as CNFs puras, o estudo XPS confirma a presença dos elementos Se e Co no espetro de CoSe@CCM, mostrando os seus picos caraterísticos a cerca de 58 e 790 eV, respetivamente. O espetro de alta resolução de Se 3d XPS na Figura 2K mostra que os picos de energia de ligação localizados a 55,3 e 56,4 eV são atribuídos a Se 3d5/2 e Se 3d3/2.[13a] Além disso, o pico a 59,7 eV é atribuído a Co 3p, enquanto o pico a 62,1 eV está relacionado com as espécies de óxido de Se nas partículas de CoSe.[5b, 6b] No espetro do Co 2p, os picos a 779,5 (796,6 eV) e 782,4 (798,6 eV) são atribuídos ao Co^{3+} e ao Co^{2+}, respetivamente)[613,14] Além disso, a estrutura porosa das CNFs ou do CoSe@CCM foi investigada através de isotérmicas de adsorção-dessorção de N2 (Figura 2L). Os valores da área específica de Brunauer-Emmett-Teller (BET) são de 23,80 e 64,05 m^2 g'^{1}, indicando que o CoSe@CCM pode fornecer sítios notavelmente mais activos para adsorção em comparação com as CNFs. A curva de distribuição do tamanho dos poros das CNFs e do CoSe@CCM é apresentada na Figura. S5, e os volumes cumulativos dos poros são 0,037 e 0,105 cm^3g^{-1}.

No sistema catódico das baterias de Li-S, o facto de o electrocatalisador poder promover eficazmente a rápida conversão do enxofre ativo e das espécies que contêm enxofre nos produtos da fase seguinte da reação é um fator vital para atingir uma maior capacidade eletroquímica. Para melhor compreender a origem intrínseca da afinidade adsortiva e capacidade catalítica do CoSe ou CNFs para LiPS, os perfis de energia livre de Gibbs da redução de espécies de enxofre em CoSe (101) e CNFs são calculados por simulação teórica DFT (Figura. 3A). O processo de S8 para L12S8 exibe um processo exotérmico espontâneo nos substratos CNFs e CoSe. Além disso, a etapa de L12S8 para L12S6 líquido apenas na superfície de CoSe mostra processo exotérmico, e é reação endotérmica na superfície de CNFs, indicando que o CoSe é mais favorável para a redução de LÌ2S8. Os três processos subsequentes de redução de L12S6 para L12S foram reacções endotérmicas, enquanto as duas últimas etapas de L12S4 para L12S2 e L12S2 para L12S apresentam uma barreira de energia de Gibbs maior do que as outras etapas. Nas superfícies de CNFs e CoSe, a fase da reação que limita a velocidade é o processo de Li2S4 para L12S2 com uma barreira de energia de Gibbs de 0,89 e 0,75 eV, respetivamente, demonstrando que o processo de redução é muito mais fácil de ocorrer na superfície de CoSe (101). Este facto é consistente com os resultados experimentais subsequentes. Para explorar ainda mais a diferença no desempenho electrocatalítico das células Li-S com cátodos baseados em CNFs/CoSe@CCM, foram montadas baterias do tipo moeda com uma carga de enxofre de 1,5-2,0 mg cm^{-2}. A Figura. 3B mostra os perfis de Voltametria Cíclica (CV) na janela de tensão de 2,7-1,6 V sob a velocidade de varrimento de 0,1 mV s'^{1}. Existem dois picos catódicos proeminentes nas gamas de tensão de 2,3-2,4 e 2,0-2,1 V atribuídos à redução do enxofre ativo a LiPS solúvel e à formação do produto sólido de descarga LÌ2S/L12S2. [15] Entretanto, o pico anódico localizado a cerca de 2,4 V é atribuído à oxidação de L12S, que é finalmente oxidado a S8. Note-se que a célula com cátodo CoSe@CCM apresentou o maior pico de corrente e menor polarização da reação em todas as fases da reação. Para analisar com precisão o efeito de promoção do CoSe nas reacções de nucleação e dissociação do L12S, as curvas de Tafel foram traçadas de acordo com a curva CV da janela de tensão correspondente (Figura 3C-D). Para a reação de nucleação do L12S, os declives de Tafel ajustados para os cátodos de CNFs e CoSe@CCM são 114,5 e 58,8 mV dec'^{1}. Além disso, para o processo de dissociação do L12S, os declives de Tafel são de 169,3 e 65,7 mV dec'^{1}, respetivamente. Enquanto um declive de Tafel menor significa uma reação eletroquímica mais rápida, sugerindo que as reacções líquido-sólido-líquido das espécies de enxofre foram promovidas pela electrocatálise do CoSe. Como se mostra na Figura. 3E, foi efectuada uma sedimentação eletroquímica potenciostática para explorar melhor a conversão de LiPS líquido em LÌ2S/L12S2 sólido nos diversos substratos activos. Tipicamente, uma célula fresca foi descarregada previamente a 2,10 V, subsequentemente a deposição eletroquímica a um potencial constante de 2,05 V, e as alterações de corrente associadas foram registadas. O cátodo CoSe@CCM apresenta um pico de corrente maior num momento anterior e uma capacidade de deposição de L12S muito mais elevada, em comparação com os eléctrodos de CNFs puras. Além disso, o SEM foi realizado para analisar a morfologia do L12S nas diferentes superfícies activas. As células da bateria foram desmontadas no estado de descarga total utilizando cátodos à base de CNFs/CoSe@CCM com uma carga de enxofre de 1,5-2,0 mg cm'^{2}. Em seguida, os eléctrodos foram mergulhados numa solução de DOL/DME para remover o LiPS solúvel residual antes do teste de caraterização SEM.

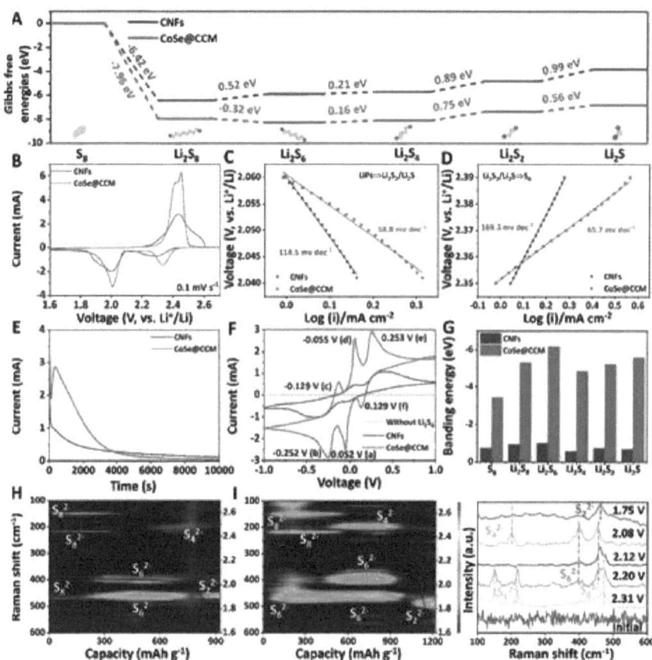

FIGURA 3. **(A)** Perfis de energia livre de Gibbs para a redução de enxofre e LiPSs nos substratos CoSe (101) e CNFs; (B) Perfis CV para as células baseadas em CNFs e CoSe@CCM (carga de enxofre: 1,5 mg cm ^{2}) a uma velocidade de varrimento baixa de 0,1 mV s' e (C-D) gráficos de Tafel correspondentes às reduções de Li2Sn a LÌ2S2/LÌ2S e LÌ2S2/LÌ2S a Li2Sn; (E) curvas de cronoamperometria dos eléctrodos de trabalho de CNFs e CoSe@CCM com eletrólito contendo LÌ2S6 sob um sobrepotencial constante de 2.05 V; (F) Curvas CV das baterias simétricas de LÌ2S6 com eléctrodos de CNFs e CoSe@CCM a uma velocidade de varrimento de 0,5 mV s'[1]; (G) Energias de adsorção de S8 e de várias espécies de LiPS nas superfícies de CoSe (101) e CNFs; Foram obtidos espectros Raman in situ de diferentes profundidades de descarga com (H) cátodo de CNFs; e (I) cátodo de CoSe@CCM com os correspondentes espectros Raman selecionados a diferentes potenciais.

Aparentemente, como se pode ver na Figura. S6A-B, a deposição de L12S na superfície de CNFs apresenta uma morfologia de aglomerados granulares com falta de homogeneidade. Em contrapartida, o L12S apresenta um estado de película mais suave e uniforme ao longo do esqueleto de CoSe@CCM, demonstrando que o elétrodo de CoSe@CCM foi capaz de promover uma eletrodeposição sólida uniforme em toda a área do elétrodo. Além disso, a imagem SEM da secção transversal do cátodo CoSe@CCM antes e depois da descarga é apresentada na Figura S7. A espessura do eletrodo CoSe antes do ciclo é de 134,9 μm, enquanto a espessura do eletrodo após a descarga e carregamento de L12S é de 139,5 μm, indicando que o fenômeno de expansão de volume não é óbvio. Aproveitando a estrutura porosa entrelaçada única das nanofibras de carbono, o cátodo independente pode fornecer um interespaço adequado para a precipitação de L12S e mitigar a influência negativa causada pela expansão do volume. Estes resultados confirmam ainda que os sítios activos de CoSe enriquecidos podem regular eficazmente a sedimentação de LÌ2S. Para investigar o efeito catalítico das nanopartículas de CoSe para a cinética redox do LiPS, as células simétricas foram montadas usando dois eletrodos de trabalho CNFs ou CoSe@CCM idênticos para montar com um eletrólito contendo 0,1 M L12S6 para medição eletroquímica (Figura. 3F). A célula simétrica com eletrólito livre de L12S6 exibe apenas um sinal de corrente extremamente pequeno, enquanto a célula simétrica baseada em CoSe @ CCM com eletrólito contendo L12S6 mostra uma resposta de corrente mais óbvia durante os processos de oxidação e redução. Esta diferença significativa revela que as reacções redox do LiPS dominam a resposta de corrente em vez da capacitância de dupla camada. Entretanto, a célula simétrica baseada em CoSe@CCM fornece uma corrente de pico mais elevada e uma polarização muito menor em comparação com a da célula simétrica com eléctrodos de trabalho de CNFs, sugerindo que CoSe@CCM melhora significativamente a cinética redox da conversão de LiPS.

No cátodo das baterias de Li-S, a capacidade de quimisorção das superfícies activas do elétrodo para LiPS polares afectará diretamente o processo de reação líquido-sólido subsequente, e é também igualmente importante para limitar o efeito de vaivém de LiPS. Para estudar os efeitos de ligação das CNFs e CoSe às espécies de enxofre, as geometrias optimizadas das moléculas S8 e Li2Sn (n= 1, 2, 4, 6, 8) adsorvidas nas superfícies de CNFs e CoSe (101) são apresentadas na Figura. S8-9, respetivamente, em que a configuração de grafeno de camada dupla foi aplicada como configuração de CNFs, e os valores correspondentes de energia de ligação foram listados e comparados na Figura. 3G. A superfície de CNFs mostra valores de energia de ligação muito mais baixos de 0,75, 0,94,1,00, 0,57, 0,75 e 0,69 eV com S8, L12S8, L12S6, LÌ2S4, LÌ2S2 e L12S respetivamente, enquanto os valores aumentam significativamente para 3,44, 5,32, 6,16, 4,85, 5,24 e 5,6 eV na superfície de CoSe (101). Estes resultados indicam que a afinidade química do CoSe com o enxofre é muito maior do que com as CNFs. Além disso, para os cálculos teóricos, a validação experimental também foi realizada por imersão dos materiais hospedeiros preparados em solução de 0,05 M L12S6. O visual

A medição da absorção de LiPS para CNFs e CoSe@CCM é mostrada na Figura. S10. Claramente, a cor da solução L12S6 contendo CoSe@CCM foi alterada para incolor após 6 horas de repouso, enquanto a cor da solução LiiSó com CNFs quase não mudou. Isto não só é consistente com os resultados dos cálculos anteriores, como também confirma a capacidade de adsorção preferencial do CoSe@CCM para o LiPS. Além disso, a partir de cálculos teóricos DFT, as configurações geométricas optimizadas do caminho de energia mais baixo para a difusão de L12S6 no substrato CoSe (101) (Figura. Sil) e a barreira de migração de 0,68 eV garantem a rápida difusão de espécies de enxofre na superfície condutora CoSe@CCM para o processo de reação seguinte. Além disso, a Figura. S12 apresenta o perfil energético da migração de iões de lítio na superfície de CoSe (101) com uma barreira muito inferior de 0,46 eV. Isto garante que os iões de lítio podem participar plena e rapidamente nas reacções redox durante o processo de funcionamento da bateria de Li-S. A figura. S13 mostra a trajetória de decomposição do produto sólido L12S no substrato de CoSe (101) com uma barreira de energia de 0,65 eV. Isto demonstra que o CoSe também tem um efeito catalítico na reação sólido-líquido no cátodo, assegurando que a camada de passivação L12S depositada na superfície ativa do elétrodo pode ser rapidamente transformada em LiPS líquido durante a fase de carregamento. Devido à diferença de concentração entre o cátodo e o ânodo durante o processo de funcionamento da célula Li-S, o produto intermédio solúvel de descarga LiPS difunde-se mais facilmente para o lado do ânodo, o que leva à atenuação da capacidade e à perda irreversível de materiais activos. Por conseguinte, os testes de corrente de vaivém foram realizados para avaliar a capacidade do cátodo compósito para suprimir o efeito de vaivém do LiPS. A Figura. S14 mostra os perfis de corrente de vaivém das células com cátodos CNFs e CoSe@CCM em diferentes momentos. É óbvio que o valor atual do elétrodo de CNFs é significativamente mais elevado do que o do elétrodo de CoSe@CCM após a estabilização, enquanto a corrente no estado estável é causada pelo vaivém de LiPS. Além disso, foram efectuados espectros Raman in situ para detetar o mecanismo de transporte e o processo de conversão de LiPS para vários cátodos numa circunstância de carga de enxofre mais elevada (6,8 mg cm'^{2}). Normalmente, foi feito um orifício na caixa positiva para facilitar a recolha dos sinais Raman do LiPS no cátodo (Figura S15). Para a célula com cátodo à base de CNFs, os sinais ténues de LiPS de cadeia longa aparecem a

151,218 e 472 cm^{-1} durante a fase inicial do processo de descarga, correspondendo aos picos Raman caraterísticos de S82- (Figura 3H, Figura. S16). Com o decorrer do processo de descarga, o sinal Raman de S82- desvanece-se, enquanto os sinais de S62- (396 e 458 cm'^{1}) e S42- (198 cm'^{1}) emergem gradualmente. À medida que a descarga prossegue, os picos caraterísticos Raman de S62- e S42- desaparecem gradualmente, e o sinal de pico de S22- é cada vez mais detetável nas fases finais do processo de descarga devido à conversão de L12S6 e L12S4 em Li2Sn (n =1,2). Em contraste, os sinais de pico caraterísticos do LiPS são detectados de forma mais evidente na célula baseada no cátodo CoSe@CCM durante todo o processo de descarga, o que revela que os numerosos LiPS estão confinados à região do cátodo (Figura 3I). De forma correspondente, a deteção Raman in situ no processo de carga apresentou uma tendência de sinal análoga à que se verificou durante a descarga (Figura S17). Isto prova que o CoSe@CCM com abundantes sítios activos pode restringir significativamente a difusão de LiPS e suprimir o efeito de vaivém durante o processo de carga/descarga.

Além disso, o CoSe preparado foi diretamente revestido em CNFs como elétrodo de trabalho (CoSe/CNFs), tendo sido realizada uma série de testes electroquímicos para verificar o efeito de blindagem da fina camada de carbono. O padrão XRD e as imagens SEM de CoSe preparado são mostrados na Figura.S18, indicando que o CoSe foi sintetizado com sucesso sem outras fases heterogéneas e o tamanho das partículas de CoSe foi principalmente entre 2-3 μm. A célula com cátodo CoSe/CNFs exibe uma polarização mais severa do que o cátodo CoSe@CCM, o que demonstra que a cinética da reação de conversão para o cátodo CoSe@CCM é acelerada em comparação com a do cátodo CoSe/CNFs (Figura. S19A). Além disso, para os processos de nucleação e dissociação do L12S, os declives de Tafel ajustados do CoSe/CNF são de 77,2 e 106,2 mV dec'^{1}, respetivamente, ambos superiores aos valores do declive de Tafel do CoSe@CCM nas fases correspondentes (Figura S19B- C). Além disso, o elétrodo CoSe/CNFs fornece uma corrente de nucleação L12S inferior à do CoSe@CCM (Figura S19D). Mais importante ainda, a célula simétrica L12S6 com CoSe/CNFs apresenta uma corrente relativamente menor e decai nos segundos ciclos. No caso da CoSe@CCM, a CoSe não é dramaticamente passivada devido ao facto de estar encapsulada numa fina rede de carbono, o que leva a uma corrente de polarização mais elevada e a uma degradação lenta nos segundos ciclos. Além disso, a célula com cátodo à base de CoSe/CNFs apresenta um desempenho eletroquímico muito inferior ao do cátodo de CoSe@CCM (Figura S20A). O desempenho cíclico do cátodo de CoSe/CNFs foi apresentado na Figura. S20B, mostrando que a célula com cátodo CoSe/CNFs decai rapidamente durante os poucos ciclos iniciais e, em seguida, mantém-se estável durante 100 ciclos. Em contrapartida, o cátodo CoSe@CCM apresentou um desempenho de ciclo mais estável e uma eficiência coulombiana mais elevada, indicando uma conversão mais completa das espécies activas de enxofre. Por conseguinte, deduz-se que a fina camada de carbono revestida na superfície do CoSe em CoSe@CCM pode protegê-lo totalmente da passivação e manter uma maior atividade catalítica durante o processo de funcionamento a longo prazo. A série de resultados dos testes experimentais revelam que o CoSe@CCM é muito promissor como material hospedeiro para cátodo de alto desempenho no sistema de bateria Li-S.

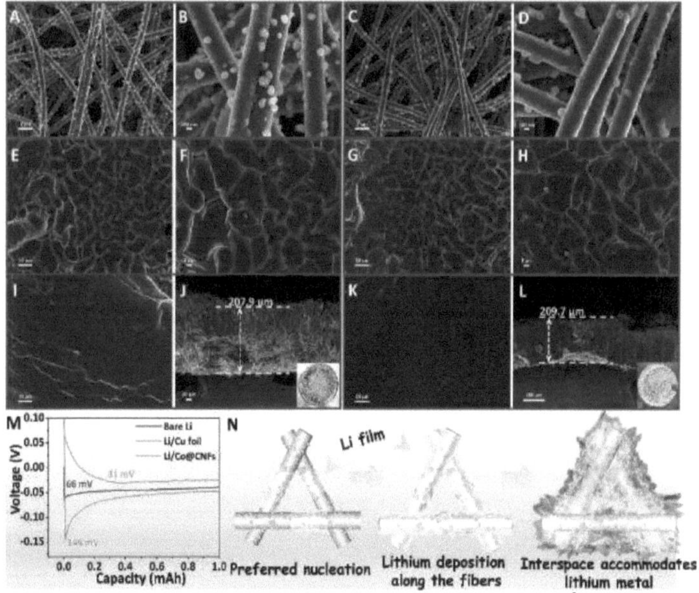

FIGURA 4. (A) Imagem SEM de CoSe@CCM revestido com Li de 2 mAh cm ^{2} e (B) imagem SEM associada de maior ampliação. (C) CoSe@CCM revestido com 4 mAh cm ^{2} Li Imagem SEM e (D) imagem SEM associada de maior ampliação. (E) CoSe@CCM revestida com 6 mAh cm ^{2} Li Imagem SEM e (F) imagem SEM associada de maior ampliação. (G) Imagem SEM de CoSe@CCM revestida com Li de 6 mAh cm ^{2} e (H) imagem SEM associada de maior ampliação. (I) Imagem SEM de CoSe@CCM revestido com 10 mAh cm ^{2} Li, (J) imagem SEM de secção transversal de CoSe@CCM após revestimento com 10 mAh cm ^{2} Li com inserção de fotografia.

(K) Imagens SEM de CoSe@CCM após decapagem de 30 mAh cm ^{2} Li, (L) imagem SEM em secção transversal de CoSe@CCM após galvanização de 30 mAh cm ^{2} Li com inserção de fotografia. (M) As curvas de tensão do revestimento inicial de lítio em vários substratos sob a taxa de corrente de 1 mA cm'². (N) Esquema das configurações de deposição de Li no CoSe@CCM em diferentes estados.

Por outro lado, foi utilizado o método de eletrodeposição in situ para determinar o comportamento de revestimento/descolagem do Li em relação ao CoSe@CCM, a fim de explorar melhor a perspetiva do CoSe@CCM como material hospedeiro do ânodo. As imagens SEM de CoSe@CCM após o revestimento de 2 mAh cm'² Li na Figura. 4A-B indicam que a camada de Li está uniformemente coberta ao longo do esqueleto das nanofibras de carbono, agrupando-se preferencialmente em torno das nanopartículas. Além disso, o Li não só se deposita ao longo do substrato CoSe@CCM, como também cresce nos espaços inerentes às fibras entrelaçadas com o aumento da capacidade de revestimento (Figura 4CD). Como ilustrado na Figura. 4E-F, a superfície de CoSe@CCM é coberta por uma camada de Li após a galvanização de 6 mAh cm^{-2} de Li, que apresenta uma morfologia de aglomerado semelhante a uma ilha. Após a deposição de 8 mAh $cm^{(-2)}$ de Li, a camada de Li ainda aparecia como uma ilha com morfologia de aglomerados, mas a interface entre os aglomerados começou a ficar desfocada e mostrou uma tendência de planarização (Figura. 4G-H). Enquanto uma camada de Li lisa pode ser observada e nenhuma geração de Li dendrítico após o revestimento de 10 mAh cm^{-2} Li (Figura. 41, Figura. S21A). Como apresentado na Figura. 4K e Figura. S21B, mesmo após o revestimento de 30 mA h cm^{-2} Li, o CoSe@CCM ainda mantém a sua integridade estrutural, o que sugere que o substrato condutor CoSe@CCM tem uma resistência mecânica significativa. Além disso, as imagens SEM de secções transversais de Li/CoSe@CCM com diferentes capacidades de aera são apresentadas na Figura. 4J e Figura. 4L, demonstrando que a espessura (207,9 µm com 10 mAh cm'², 209,7 µm com 30 mAh cm'²) não sofre alterações óbvias após o revestimento de 10 e 30 mAh cm^{-2} de Li. Isto confirma que o CoSe@CCM pode acomodar o Li através da sua estrutura porosa interna sem expansão significativa do volume. A fotografia do Li/CoSe@CCM com 30 mAh cm'⁽²⁾ de Li mostra um brilho metálico mais pronunciado em comparação com o Li/CoSe@CCM com 10 mAh cm'⁽²⁾ de Li, indicando que o CoSe@CCM tem um interespaço suficiente para acomodar uma maior capacidade de Li. Em contrapartida, o Li metálico tende a ser depositado na área entrelaçada da fibra de carbono e a acumular-se de forma irregular devido à liofobicidade da superfície de carbono nu (Figura S22A-B). Além disso, com o aumento da capacidade de eletrodeposição de Li, é mais provável que o metal Li seja depositado na superfície dos CNFs em vez de no interior, e os CNFs mostram um fenómeno óbvio de expansão de volume devido à deposição não homogénea de Li (Figura.S22C-D, 167,03 com 10 mAh cm'2,206,12 μm com 30 mAh cm'2). Além disso, o CoSe será reduzido por iões de lítio durante o processo de pré-litização, formando assim in situ metal Co e LiiSe (Figura.S23, 2Li + CoSe Co + Li2Se).[6b,6d] Embora o metal Co não possa formar diretamente uma liga com Li, continua a desempenhar um papel indispensável para a nucleação e crescimento de Li no processo de revestimento subsequente. Para verificar, na prática, que as partículas de Co podem servir como locais de nucleação para o revestimento de Li, foram fabricadas Co@CNFs como material anódico para a experiência de eletrodeposição. É evidente que as Co@CNFs podem reduzir de forma proeminente o sobrepotencial de nucleação do Li (31 mV), como se pode ver na Figura. 4M, o que obviamente identifica que o Co metálico pode funcionar como sítios de nucleação para a sedimentação de Li. Além disso, o LiiSe gerado in situ no substrato condutor assegura uma transmissão rápida de iões de Li durante o processo de galvanoplastia/descasque devido à sua excelente condutividade iónica, afectando assim o processo de deposição de Li e impedindo a formação de dendritos. Por conseguinte, o Li metálico nucleia preferencialmente nos sítios activos litiofílicos do Co e deposita-se subsequentemente ao longo da direção das nanofibras (Figura 4N). Acompanhado pelo aumento da capacidade de lítio depositado, o espaço entre as nanofibras cruzadas pode acomodar Li em excesso. Para além disso, o metal Co é encapsulado em cadeias de carbono, uma vez que o metal Co é formado por transformação in situ a partir de CoSe. Quando é usado como ânodo em baterias cheias de enxofre de lítio, o correio de corrente de carbono protegerá o metal Co de ser sulfurado por LiPS solúvel, garantindo assim altamente litiofílico do metal Co. Para explorar claramente o mecanismo de proteção do carbono em cadeia, os Co@CNFs e CoSe@CCM foram carregados com a mesma capacidade de Li utilizando o método de eletrodeposição como ânodo e, posteriormente, para montar a célula completa de Li-S (carga de enxofre: 1,5 mg cm'2) para 30 ciclos de ciclagem, respetivamente. Em seguida, as células foram desmontadas e o XPS foi realizado para analisar o estado químico da superfície dos eléctrodos Li/Co@CNFs e Li/CoSe@CCM. Os picos caraterísticos do metal Co em Li/Co@CNFs mudam para uma energia de ligação mais elevada após 30 ciclos, indicando que o estado de valência química da superfície do metal Co mudou (Figura S24A). [16] Enquanto o pico caraterístico do metal Co em Li/CoSe@CCM não se deslocou significativamente (Figura. S24B). Além disso, no espetro S 2p de Li/Co@CNFs, foi detectado um forte sinal de pico caraterístico da ligação Co-S, mostrando que a superfície do metal Co em Li/Co@CNFs foi sulfurizada por LiPS (Figura. S24C). [17] Em contraste, o metal Co em Li/CoSe@CCM não apresentou fenómeno de sulfurização. Isto prova que a cadeia de carbono-mail pode proteger eficazmente o metal Co da corrosão do ambiente químico circundante, garantindo assim a alta litiofilicidade do metal Co no processo de ciclo a longo prazo. Além disso, a Li/CoSe@CCM tem uma vantagem de peso em relação à atual folha de Li comercial (folha de Cu revestida com Li) com a mesma capacidade (Figura S25). A massa da área da folha de Cu nua é de 8,83 mg $cm^{'2}$, e a massa da área após o carregamento de Li é de 15,72 mg $cm^{'2}$. Do mesmo modo, a massa da área de CoSe@CCM é de 3,83 mg $cm^{'2}$, e após o revestimento com Li é de 11,97 mg $cm^{'2}$. É muito vantajoso melhorar a densidade de energia gravimétrica das baterias de Li metálico, substituindo as folhas de Li comerciais por Li/CoSe@CCM. Estes resultados demonstram que o CoSe@CCM é capaz de servir como material hospedeiro do ânodo de Li.

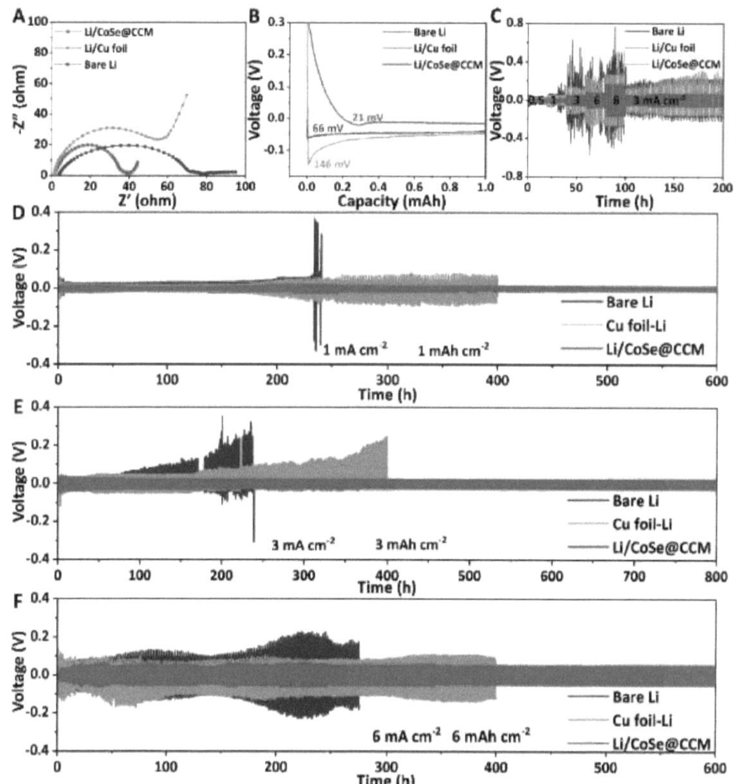

FIGURA 5. (A) Gráfico de Nyquist dos espectros de impedância de células simétricas com base em diferentes eléctrodos de trabalho; (B) Perfis de tensão durante a metalização inicial de Li em substratos de Li nu, folha de Cu e CoSe@CCM a 1 mA cm^{2}. (C) Capacidade de débito das pilhas simétricas com diferentes eléctrodos de trabalho a densidades de corrente gradualmente aumentadas; perfis de tensão do processo de revestimento/desnudamento de Li metálico em pilhas simétricas com eléctrodos de trabalho de Li nu, folha de Cu-Li e Li/CoSe@CCM submetidos a ciclos a D) 1 mA cm^{21} mAh cm^{2}. E) 3 mA cm^{23} mAh cm^{2}. e F) 6 mA cm^{2}' mAh cm ".

Para explorar ainda mais a estabilidade do ciclo eletroquímico do CoSe@CCM como hospedeiro do ânodo, foram montadas células simétricas com eléctrodos de Li simples, Li/Cu e Li/CoSe@CCM para avaliar o comportamento da deposição de Li. A Figura. 5A apresenta os espectros de Espectroscopia de Impedância Eletroquímica (EIS) das células simétricas recém-montadas com diversos eléctrodos de trabalho. Aparentemente, a célula simétrica com Li/CoSe@CCM apresenta uma menor resistência óhmica e uma menor resistência à transferência de carga na superfície metálica do Li, em comparação com os eléctrodos de Li nus e de Li/Cu, indicando que a interface condutora de Li/CoSe@CCM é mais favorável à transferência rápida de carga eléctrica, o que é muito útil para o processo de revestimento/descasque uniforme do Li. Para testar realmente a superioridade do elétrodo CoSe@CCM em relação ao revestimento metálico de Li, os perfis de tensão da sedimentação de Li metálico durante o processo de deposição inicial em diferentes tipos de eléctrodos foram investigados a 1 mA cm$^{'(2)}$ $^{(}$Figura 5B). A célula simétrica baseada em CoSe@CCM apresentou o sobrepotencial de nucleação mais baixo, de 21 mV, quando comparada com a folha de Cu e os eléctrodos de Li simples (aumento para 66 e 146 mV, respetivamente). Isto demonstra definitivamente que a liofilicidade extremamente forte do CoSe@CCM pode reduzir eficazmente o sobrepotencial de nucleação do Li, o que é vantajoso para homogeneizar a densidade de corrente da interface condutora para uma deposição uniforme de Li. Além disso, o desempenho eletroquímico de decapagem/placa do Li nu, da folha de Li/Cu e das células simétricas baseadas em Li/CoSe@CCM foi medido a várias densidades de corrente (Figura 5C). O elétrodo CoSe@CCM apresentou sobrepotenciais superiores de 10, 18, 53, 82 e 163 mV a densidades de corrente variáveis de 0,5-8 mA cm^{-2}, respetivamente, e o sobrepotencial regressa a 54 mV quando a densidade de corrente passa de 8 para 3 mA cm^{-2}. A excelente capacidade de taxa da célula simétrica com elétrodo CoSe@CCM indica a estrutura estável da interface eletrólito sólido (SEI) e a deposição específica de Li na estrutura do substrato. Em contrapartida, foram observadas grandes flutuações de tensão nas células simétricas baseadas em Li nu e em folhas de Li/Cu, especialmente na gama de alta densidade de corrente, o que resultou de um crescimento de dendrite desonesto e da sedimentação heterogénea de Li. Além disso, a estabilidade cíclica das células simétricas Li nuas, Li/Folha de Cu e Li/CoSe@CCM foi investigada com diferentes densidades de corrente.

A Figura. 5D mostra os perfis de tensão das células simétricas durante o processo de decapagem/galvanização em ciclos nas circunstâncias de 1 mA cm^{-2} e 1 mAh cm^{-2}. A célula com elétrodo CoSe@CCM apresentou uma histerese de tensão mais baixa de cerca de 14 mV ao longo de 600 ciclos (600 h) sem flutuação óbvia da tensão. Enquanto o elétrodo de Li nu e o elétrodo de Li/Cu apresentaram uma histerese de tensão instável acompanhada de uma maior flutuação de tensão e de um sobrepotencial mais elevado após 200 ciclos de funcionamento (200 h), o que foi causado pela SEI danificada das interfaces condutoras e pela deposição irregular de Li nos substratos. À medida que a densidade de corrente e a capacidade de área aumentaram para 3 mA cm$^{'2}$ e 3 mAh cm$^{'2}$, as células com eléctrodos de Li nus e de folha de Li/Cu partiram-se em 150 ciclos (150 h), a tensão começou por diminuir e depois aumentou gradualmente, o que se deve à formação de dendrite de Li e à acumulação de SEI, respetivamente. Além disso, a queda súbita de tensão observada no elétrodo de Li nu por volta dos 175 ciclos (175 h) é atribuída a um micro curto-circuito devido à penetração da dendrite de Li . Em contrapartida, a célula simétrica baseada em Li/CoSe@CCM apresenta uma excelente estabilidade em ciclos e mantém uma histerese de tensão mais baixa ao longo de 800 ciclos (800 h), o que sugere que o hospedeiro CoSe@CCM pode conter o crescimento descontrolado de dendrite de Li e estabilizar a película SEI. Além disso, as células simétricas foram desmontadas após o ciclo para observar a micromorfologia dos eléctrodos de trabalho (Figura. S26). Após o processo contínuo de revestimento/descascamento do Li, a superfície do elétrodo de Li nu parece ser de lítio morto e parte do material ativo cai do substrato. Enquanto o elétrodo CoSe@CCM mantém uma morfologia relativamente intacta, o que confirma ainda mais a capacidade proeminente de revestimento/descolagem de Li do Li/CoSe@CCM. Impressionantemente, com uma densidade de corrente de 6 mA $cm^{'2}$ e uma capacidade de área de 6 mAh $cm^{'2}$, a célula simétrica com Li/CoSe@CCM apresentou apenas uma ligeira flutuação de tensão na fase inicial do processo de ciclo, mantendo depois um sobrepotencial de 54 mV ao longo de 600 ciclos (600 h). Além disso, o comportamento de deposição uniforme de Li no elétrodo CoSe@CCM também pode ser ilustrado através do exame da alteração da eficiência de Coulomb (Figura S27). A eficiência de Coulomb do elétrodo de folha de Cu diminui rapidamente para 92% após 70 ciclos e para 83% após 100 ciclos, devido à deposição descontrolada de Li no substrato condutor. Pelo contrário, o elétrodo Li/CoSe@CCM apresenta uma eficiência Coulombiana relativamente estável durante o processo de decapagem/galvanização, atingindo 99,1% após 100 ciclos. Por conseguinte, todos estes resultados identificam claramente que o CoSe@CCM como hospedeiro de Li é comparável ou superior a outros hospedeiros de Li maduros na fase atual. O CoSe@CCM é capaz de ser o material hospedeiro do ânodo para baterias de Li metálico.

Com base nas análises acima referidas, foi realizada uma série de testes electroquímicos para avaliar os desempenhos de CoSe@CCM como materiais hospedeiros do cátodo e do ânodo no sistema de células completas de Li-S, em relação às CNFs puras individuais e ao cátodo baseado em CoSe@CCM com a mesma carga de enxofre (1,5-2 mg $cm^{'2}$). A capacidade de área do Li/CoSe@CCM é de 10 mAh $cm^{'2}$ para uma carga de enxofre mais baixa e de 30 mAh $cm^{'2}$ para uma carga de enxofre mais elevada. Os EIS foram investigados para explorar a melhoria de diferentes tipos de eléctrodos para a cinética redox em células Li-S (Figura. S28A). A célula com cátodo individual de CoSe@CCM apresenta um semicírculo mais pequeno na gama de frequências altas e médias do que a célula baseada em CNFs, indicando uma menor resistência à transferência de carga e uma melhor cinética interfacial de CoSe@CCM. Além disso, a célula completa CoSe@CCM- Li/CoSe@CCM apresenta a menor resistência à transferência de carga, enquanto a célula completa adopta o mesmo cátodo que a célula CoSe@CCM-bare Li. Assim, a introdução do ânodo composto Li/CoSe@CCM tem um efeito de promoção na cinética redox global do dispositivo. A difusão de iões de lítio foi investigada através de testes de curva CV para demonstrar o efeito de melhoria de diferentes eléctrodos na difusão de iões de lítio em baterias Li-S (Figura S28B-D). A taxa de difusão de iões de lítio foi simulada de acordo com a equação de Randles-Sevcik a partir dos três picos nos perfis CV. Neste caso, a corrente de pico (Ip) está linearmente correlacionada com a raiz quadrada da velocidade de varrimento (v0,5) e o coeficiente de difusão do ião de lítio pode ser obtido a partir do declive da curva Ip-v0,5 (Figura S29). É evidente que a célula com cátodo de CoSe@CCM apresentou um valor de declive mais elevado com taxas de difusão do ião de lítio mais elevadas do que a célula baseada em CNFs, o que indica que o ião de lítio é mais rápido. Além disso, a célula completa CoSe@CCM-Li/CoSe@CCM apresenta um valor de declive da curva Ip-v0,5 ligeiramente superior ao da célula individual baseada em CoSe@CCM, o que implica que a substituição do Li nu pelo ânodo Li/CoSe@CCM tem um pequeno efeito promotor na difusão dos iões de lítio. Além disso, o desempenho da taxa das células com diferentes tipos de eléctrodos foi medido sob um procedimento de densidade de corrente gradual de 0,1 a 2 C com a carga de enxofre de 1,6 mg $cm^{'2}$. Como se pode ver na Figura. 6A, a célula completa CoSe@CCM-Li/CoSe@CCM apresenta capacidades médias elevadas de 1423,5, 1250,4, 1153,0, 1090,5 e 1043,4 mAh $g^{'1}$ de 0,1 C a 2 C, respetivamente. Quando a densidade de corrente foi reduzida para 0,5 C, a capacidade total de recuperação da célula ainda pode permanecer em 1152,5 mAh $g^{'1}$, exibindo admiráveis capacidades de descarga de taxa. No entanto, estas capacidades de descarga da célula completa não são muito diferentes das fornecidas pela célula com cátodo individual CoSe@CCM, revelando que o desempenho das baterias Li-S é principalmente afetado pelo sistema de cátodo num ciclo relativamente curto. Os perfis de carga/descarga galvanostática da célula completa CoSe@CCM-Li/CoSe@CCM numa variedade de densidades de corrente são apresentados na Figura. 6B.

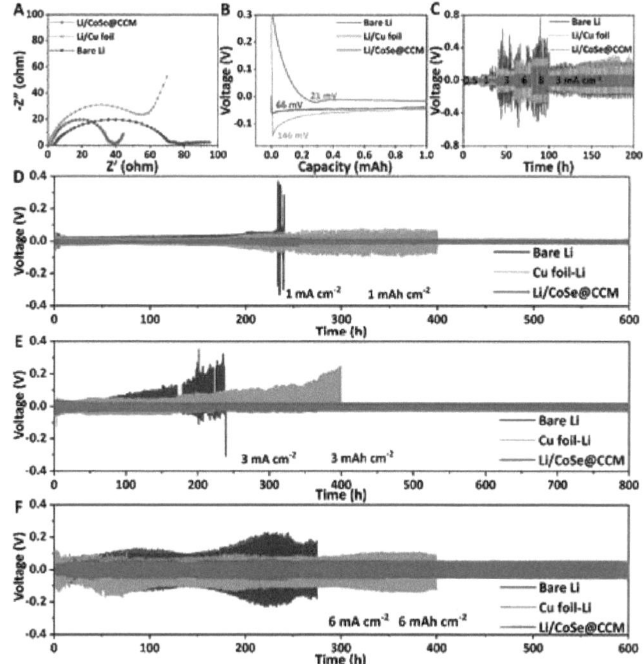

FIGURA 6. (A) Os desempenhos electroquímicos de taxa de 0,1 a 2C das CNFs, células baseadas em CoSe@CCM e célula completa CoSe@CCM-Li/CoSe@CCM. (B) Perfis galvanostáticos de carga-descarga da célula completa sob várias densidades de corrente de 0,1 a 2C. (C) Desempenho cíclico das CNF, das células baseadas em CoSe@CCM e da célula completa CoSe@CCM-Li/CoSe@CCM a uma densidade de corrente de 0,5 C. (D) Desempenho cíclico da célula baseada no cátodo CoSe@CCM e da célula completa CoSe@CCM-Li/CoSe@CCM a 1 C. (E) Desempenho cíclico da célula completa sob diferentes cargas de enxofre com uma densidade de corrente de 0,2 C. (F) Desempenho cíclico da célula completa CoSe@CCM a uma densidade de corrente de 0,2 C.
Célula baseada no cátodo CoSe@CCM e célula completa CoSe@CCM-Li/CoSe@CCM com carga de enxofre ultraelevada de 10,54 mg cm^{2} e 10,67 mg cm^{2}, respetivamente. (G) Desempenho do ciclo da bateria de bolsa de Li-S com uma carga de enxofre mais elevada de 77,6 mg, (H) Curvas galvanostáticas de carga/descarga da célula de bolsa com uma carga de enxofre de 77,6 mg sob uma corrente de 3 mA.

Como observado, a célula completa mantém as plataformas normais de tensão de descarga/carga mesmo com uma densidade de corrente mais elevada de 2 C, revelando que a introdução do ânodo composto Li/CoSe@CCM não causa polarização maior. O que prova ainda que o Li/CoSe@CCM é adequado para o ânodo exigido pelo sistema de bateria Li-S. A Figura. 6C mostra o desempenho cíclico das células com diferentes tipos de eléctrodos sob uma densidade de corrente de 0,5 C. A célula completa CoSe@CCM-Li/CoSe@CCM apresenta uma capacidade reversível de 984,9 mAh g^{-1} após 200 ciclos com uma retenção de capacidade de 88,5%, que é superior à da célula com cátodo individual CoSe@CCM (916,1 mAh g^{-1} após 200 ciclos com uma retenção de capacidade de 81,4%) graças à proteção do ânodo Li/CoSe@CCM contra o Li ativo. Além disso, a estabilidade dos ciclos a longo prazo da célula completa CoSe@CCM-Li/CoSe@CCM e da célula individual baseada no cátodo CoSe@CCM a uma taxa mais elevada de 1 C é apresentada na Figura. 6D. A célula completa CoSe@CCM-Li/CoSe@CCM manteve uma capacidade superior a 863,6 mAh g'^{1} após 500 ciclos e 717,9 mAh g'^{1} após 800 ciclos, respetivamente, enquanto a célula com cátodo individual CoSe@CCM fornece 795,3 mAh g'^{1} após 500 ciclos. Isto mostra que a estabilidade cíclica do dispositivo global da bateria pode ser significativamente melhorada quando o Li/CoSe@CCM é utilizado como ânodo para a célula Li-S. Para além disso, a célula completa CoSe@CCM-Li/CoSe@CCM pode reter uma elevada capacidade areolar de 3,33 mAh cm'^{2} com uma carga de enxofre de 3,67 mg cm'^{2} a 0,2 C após 100 ciclos e uma capacidade areolar superior de 5,03mAh cm'^{2} com uma carga de enxofre de 6 mg cm'^{2} após 100 ciclos (Figura 6E). Quando a carga de enxofre atinge 8 mg cm^{-2}, obtém-se uma capacidade inicial notável de 8,40 mAh cm^{-2} e mantém-se 6,49 mAh cm^{-2} durante 100 ciclos.

Tendo em conta a aplicação prática, as células foram ainda investigadas com uma carga de enxofre ultra-elevada. Conforme apresentado na Figura. 6F, a célula à base de CoSe@CCM apresenta uma capacidade inicial de 11,83 mAh cm'^{2} e mantém uma capacidade de 9,20 mAh cm'^{2} ao longo de 100 ciclos com uma carga de enxofre mais elevada de 10,54 mg cm'^{2} a 0,05 C. Apesar de beneficiar do facto de o cátodo CoSe@CCM suprimir o efeito de vaivém do LiPS e promover a cinética redox, a célula pode funcionar bem ao longo de 100 ciclos a um nível decente. No entanto, a célula com cátodo CoSe@CCM individual continua a não funcionar no 105° ciclo, e o fenómeno é que a tensão flutua sempre em torno de 2,33 V durante o processo de carregamento sem qualquer aviso e não pode ser carregada até 2,7 V (Figura S30). Isto pode ser atribuído ao esgotamento do eletrólito devido à formação repetida de SEI frágeis. O consumo contínuo do eletrólito dificultará o transporte de iões Li, conduzindo assim à falha das baterias. Para explorar melhor o mecanismo de falha da bateria, o ajuste manual do programa faz com que a célula descarregue e desmonte-a na fase de descarga total. A curva de descarga da célula não atinge um patamar de cerca de 2,3 V, devido ao facto de as espécies activas de enxofre não serem convertidas em S8 sólido durante o estado de carga. A imagem SEM do ânodo metálico de Li desmontado é mostrada na Figura. S31, e o Li em pó apareceu na superfície do ânodo com o Li morto formado. Em seguida, o cátodo CoSe@CCM totalmente descarregado, desmontado da célula avariada, foi novamente montado com o eletrólito fresco e o ânodo de Li, e testado quanto ao desempenho eletroquímico. Inesperadamente, a célula revivalista apresentou uma capacidade reversível de 7,88 mAh cm'[2] e mantém-se em 7,71 mAh cm'[2] após 45 ciclos. Por conseguinte, pode concluir-se que a rutura do ânodo de Li e o consumo de eletrólito são os principais factores que conduzem à diminuição da capacidade e à falha da célula. Em contraste, a célula completa CoSe @ CCM- Li / CoSe @ CCM fornece uma capacidade areal inicial mais alta de 13,32 mAh cm '[2] sob eletrólito / enxofre mais baixo e razão de capacidade de eletrodo negativo / positivo (E / S = 5,1 µï mg '[1], N / P <2) com uma carga de enxofre ultra-alta de 10.67 mg cm'[2] a 0,05 C. A densidade de energia inicial de célula completa correspondente com base na massa é de cerca de 317,4 Wh kg' \ Uma capacidade areal proeminente de 9,68 mAh cm'[2] poderia ser mantida de forma estável após 150 ciclos sem invalidação, demonstrando a excelente estabilidade do ciclo. Além disso, a eficiência coulombiana (CE) da célula completa foi superior a 96,79% no processo geral de ciclagem, revelando que a maior utilização de espécies ativas de enxofre, mesmo sob condições de carga ultra-alta de enxofre. Em comparação com o relatório recente, os dados de capacidade eletroquímica da célula completa CoSe@CCM-Li/CoSe@CCM representaram um nível relativamente mais elevado (Figura. S32). Além disso, a célula com cátodo individual de CoSe@CCM e a célula completa de CoSe@CCM-Li/CoSe@CCM foram desmontadas após 30 ciclos com uma carga de enxofre de 8,7 mg cm'[2] e utilizando SEM para observar a morfologia dos ânodos (Figura. S33). Claramente, a superfície do ânodo de Li nu foi fracturada e apresentou a microestrutura de dendrite de lítio após o ciclo, enquanto a superfície de Li/CoSe@CCM era relativamente lisa e não foi observada nenhuma estrutura óbvia

de dendrite de Li. Isto confirma ainda que o CoSe@CCM pode efetivamente regular o comportamento de crescimento do metal Li e reduzir a corrosão do LiPS. Para explorar ainda mais o potencial de aplicação prática do elétrodo CoSe@CCM, foi montada uma célula de perfuração completa baseada em CoSe@CCM-Li/CoSe@CCM com uma carga de enxofre de 3,1 mg cm$^{'(2)}$ $^{(}$carga total de enxofre: 77,6 mg), e o desempenho do ciclo foi testado sob uma corrente de 3 mA (Figura 6G). Note-se que não é possível colocar Li numa área maior no CoSe@CCM temporariamente devido a restrições tecnológicas. Assim, o CoSe@CCM como intercamada e a folha de Li foram diretamente soldados como ânodo para a montagem da célula de bolsa de LiS. A célula de bolsa apresentou uma capacidade mais elevada de 109,59 mAh no primeiro processo de descarga (correspondente a 1412,24 mAh g$^{'1}$) e mantém-se em 61,04 mAh (correspondente a 786,60 mAh g$^{'1}$) ao longo de 80 ciclos com um CE médio estável de
96.53%. Além disso, os perfis galvanostáticos de carga/descarga da célula de bolsa são apresentados na Figura. 6H, e apresenta dois patamares de descarga e um declive de carga devido à reação eletroquímica de enxofre em várias fases. O perfil de tensão permanece inalterado mesmo após 80 ciclos, o que sugere a ocorrência de processos de conversão eletroquímica altamente reversíveis tanto no ânodo de Li como no cátodo de S. Todos os resultados acima referidos confirmam a viabilidade de CoSe@CCM como materiais hospedeiros tanto do cátodo como do ânodo.

3. CONCLUIÇÃO

Em conclusão, uma conceção razoável do electrocatalisador CoSe de dupla função, com proteção de cadeia de carbono, é aplicada como um regulador de ânodo de Li competente e um catalisador eficiente de espécies de enxofre para baterias completas de Li-S de maior capacidade. Para o ânodo de lítio, o esqueleto litiofílico CoSe@CCM com interespaço suficiente fornece locais de nucleação uniformemente distribuídos para a deposição de Li e homogeneíza a densidade de corrente na superfície do elétrodo durante a repetição do revestimento/descascamento, permitindo o crescimento uniforme de Li e inibindo a formação de Li dendrítico. Para o cátodo de enxofre, o CoSe dota o CoSe@CCM de maior afinidade química para LiPS solúvel e maior atividade catalítica para a conversão de espécies de enxofre, o que efetivamente alivia o efeito de transporte de LiPS, acelerando a cinética redox e melhora a utilização de enxofre sob condições de alta carga. Graças a estes efeitos sinérgicos, a célula completa CoSe@CCM-Li/CoSe@CCM proporciona uma impressionante estabilidade cíclica com uma excelente capacidade de 9,68 mAh cm'2 ao longo de 150 ciclos sob uma carga de enxofre mais elevada de 10,67 mg cm'2 e uma relação de capacidade do elétrodo negativo/positivo mais baixa (N/P<2). Este trabalho abre um novo caminho efetivo para realizar a aplicação industrial prática de baterias Li-S com elevada densidade energética e ciclos de longa duração, resolvendo o problema do cátodo de enxofre e do ânodo de lítio simultaneamente.

4. SECÇÃO EXPERIMENTAL

Preparação da solução de electrospinning: Tipicamente, 0,3 g Co(CI I3COO)2 4IFO foi adicionado a 10 mL de N, N-dimetilformamida (DMF, 99,5%, Sinopharm Chemical Reagent Co., Ltd) e agitado mecanicamente durante 20 minutos à temperatura ambiente. Em seguida, 1 g de PAN (poliacrilonitrilo, Sigma-Aldrich Co., Ltd. Peso molecular = 150 000) foi adicionado à solução acima referida, com agitação contínua durante 12-14 h à temperatura ambiente, para obter a solução precursora de electrofiação. Por contraste, o precursor de CNFs puros sem a adição de Co(CH3COO)2 4ILO também foi preparado por este método.

Síntese de CNFs e hospedeiros CoSe@CCM: A solução de electrospinning foi carregada numa seringa de aço inoxidável de 10 mL. No processo de electrospinning, a taxa de fluxo foi controlada em cerca de 0,1 mL h^{-1}, e a humidade interior foi controlada abaixo de 30%. As nanofibras electrospun foram desenhadas sob um campo eletrostático proveniente de 13-17 kV de tensão positiva na agulha e 5 kV de tensão negativa no rolo coletor com folha de alumínio. Subsequentemente, as nanofibras de polímero preparadas foram recolhidas e estabilizadas em atmosfera de ar (a 260 °C durante 1 h com uma taxa de aquecimento de 2 °C $min^{-1)}$. A membrana de CNFs e Co@CNFs foi obtida por carbonização a 850 °C durante 2 h com uma taxa de aquecimento de 5 °C min^{-1} sob atmosfera de Ar. Além disso, a membrana CoSe@CCM foi preparada por recozimento de Co@CNFs com pós de selénio a 850% durante 2 h sob atmosfera de Hr/Ar.

Síntese de CNFs e cátodos à base de CoSe@CCM: A lama do cátodo foi preparada pelo mesmo método do nosso trabalho anterior [2c]. Tipicamente, o grafeno (G) foi misturado mecanicamente com pós de enxofre sublimados (S) numa proporção de massa de 1:9, e depois os compósitos G/S foram obtidos por processo de fusão a 155 °C durante 12 h. Subsequentemente, o compósito G/S foi misturado com PVDF (fluoreto de polivinilideno) numa proporção mássica de 9:1 e foi continuamente agitado à temperatura ambiente durante 12 h para dispersar em

NMP, obtendo-se então a pasta do cátodo. Os CNFs e CoSe@CCM foram perfurados em pequenas placas redondas de 14 mm de diâmetro como coletor de corrente. Além disso, a pasta preparada foi gotejada sobre CNFs e CoSe@CCM com uma pipeta e seca a 55 °C durante 18 horas para obter o cátodo. As cargas de enxofre foram controladas a 1,5-2 mg cm^{-2}.

Montagem e medições da célula Li-S: As baterias de moedas CR2025 foram montadas numa caixa de luvas cheia de atmosfera Ar, usando lítio metálico como ânodo. Um eletrólito branco contendo 1 M LiTFSI em DOL/DME (1:1 por volume) com 1 wt.% L1NO3, e Celgard 2500 foi utilizado como separador. Para as células com carga de enxofre relativamente mais baixa, a relação eletrólito/enxofre (E/S) é controlada em 15-20 µĩ mg'^{1}, e 5 µĩ mg'^{1} para os cátodos com carga de enxofre mais alta. Para a montagem da célula full-pouch, os CoSe@CCM usados como camada intermediária do ânodo são descarregados para 0 V na célula half-pouch com antecedência para torná-la consistente com a composição química do Li/CoSe@CCM na célula coin.

As baterias acabadas de montar foram estabilizadas durante 6 horas antes dos testes electroquímicos. Toda a capacidade de carga/descarga galvanostática foi efectuada utilizando

Equipamento de bateria CT2001A terrestre numa janela de tensão de 2,7-1,6 V. As medições EIS e de nucleação foram efectuadas pela estação de trabalho eletroquímica CHI 660E. O EIS foi testado na gama de frequências de 10 mHz-100 kHz, com uma amplitude de perturbação de 5 mV. Nos testes de nucleação, as células Li-S frescas foram descarregadas a uma corrente de 0,15 mA para 2,11 V e, em seguida, a uma tensão potenciostática de 2,05 V durante 10 000 s. Além disso, a carga em massa do electrocatalisador CeSe para o elétrodo de trabalho CoSe/CNFs na Figura. S19 é de 1,30 mg cm'^{2}. O método de cálculo específico do valor da carga de CoSe é apresentado na Figura S34. Com a mesma espessura, o aumento de massa de CoSe@CCM em relação às CNFs puras deve-se à introdução adicional de CoSe.

Na Figura. S29, o coeficiente de difusão do ião de lítio é descrito com base na equação de Randles-Sevcik [2c]:

$$Ip = 2.69 \times 10^5 n^{1.5} A DLi^{+0.5} C_{Li+} v^{0.5}$$

Em que, Ip é a corrente de pico (A) das curvas CV; DLi^+ é a taxa de difusão dos iões de lítio (cm^2 s'^{1}); n é o número de transferência de electrões (o valor é 2 para as baterias Li-S); CLi^+ é a concentração de Li^+ no eletrólito (mol mL'¹); A é a área do cátodo (cm^2); V é a taxa de varrimento (V s'¹) durante as medições CV. Nesta fórmula, o coeficiente de difusão dos iões de lítio pode ser expresso como o declive da curva Ip-v0,5 (n, A e CLi^+ são constantes).

A densidade de energia da célula completa com base na massa do núcleo elétrico foi calculada utilizando a seguinte fórmula e os dados baseiam-se na célula-moeda (como se mostra na Figura 6F)[2c]:

$$Eg = VC / \sum mi$$

Em que Eg é a densidade de energia gravimétrica de célula completa (Wh kg'¹), V é a tensão média de funcionamento (2,10 V), C é a capacidade de descarga areolar (mAh cm'²) e mi é a massa quadrada por unidade funcional (mg cm'²), contendo o coletor de corrente do cátodo CoSe@CCM (7.01 mg cm'²), carga de enxofre (10,67 mg cm'²), separador PP (1,1 mg cm'²), ânodo Li/Co@CNFs (13,5 mg cm'²) e eletrólito (86 pL, p -1,1 mg cm'³).

Preparação de soluções de L12S6 para o ensaio de adsorção: Os pós de enxofre foram misturados com L12S pré-preparado numa proporção molar de 5:1 e triturados mecanicamente durante 20 minutos. Em seguida, o pó misturado foi vertido numa solução moderada de DME/DOL (relação volumétrica de 1:1) sob agitação magnética enérgica durante a noite num porta-luvas cheio de árgon até se obter uma solução castanha escura. 20-30 mg de CNFs e CoSe@CCM foram carregados em 5,0 mL de solução 0,1 M L12S6, respetivamente. Além disso, um eletrólito contendo L12S6

(60 pL, 0,1 M) também foi preparado por este método.

Caracterização dos materiais: A morfologia e a microestrutura dos materiais compósitos foram observadas por EM de emissão de campo (FEI Tecnai G20) e TSEM (ZEISS SIGMA 500) equipados com espetroscopia de raios X por dispersão de energia. Os espectros de XRD foram obtidos utilizando um sistema Rigaku Ultima IV com radiação Cu Ka. As isotermas de adsorção-dessorção de N2 foram medidas com o instrumento Micromeritics ASAP 2460. O padrão XPS foi obtido utilizando a instalação AXIS Supra. A resistência quadrada foi detectada pelo aparelho de teste digital de quatro sondas ST2263.

Pormenores computacionais: O método de cálculo teórico é semelhante ao do nosso trabalho anterior.[18] Tipicamente, as simulações DFT (Density functional theory) foram efectuadas utilizando o VASP (Vienna ab initio simulation package).

[19] O método GGA (generalized gradient approximation) com o funcional PBE (Perdew-Burke-Emzerhof) foi utilizado para descrever a energia de correlação de troca.[20] Os pseudopotenciais foram calculados utilizando o método PAW (Projetor augmented wave). [21] O limiar de convergência da relaxação geométrica é de 10-5 eV para a energia, o corte de energia da base de onda plana é de 400 eV e 0,02 eV A'[1] para a força. A interação de van der Waals foi considerada utilizando o método DFT-D3. [22] Centrado na otimização estrutural e no cálculo estático auto-consistente, foram utilizadas grelhas de 3^3x1 e 5x5^1 para amostrar os pontos κ na região de Brillouin, respetivamente.

Nas reacções catalíticas, a dificuldade da reação é geralmente avaliada calculando a magnitude da alteração da energia livre de Gibbs (AG), bem como as alterações positivas e negativas da reação.

A energia livre de Gibbs é calculada com base na seguinte equação:

$$G(T) = E_{DFT} + E_{ZPE} + U(T) - TS$$ [23]

Em que, EDFT é a energia de saída calculada pelo VASP, EZPE é a energia do ponto zero, U é a energia interna do sistema, T = 298,15 K e S é a entropia.

AGRADECIMENTOS

O trabalho foi apoiado pela Fundação Nacional de Ciências Naturais da China (n.º U2004172, 51972287,), pela Fundação Nacional de Ciências Naturais da Província de Henan (n.º 202300410368, 222301420039), pela Fundação para Professores-Chave Universitários da Província de Henan (n.º 2020GGJS009) e pelos Talentos de Inovação Científica e Tecnológica nas Universidades da Província de Henan (n.º 23HASTIT001).

REFERÊNCIAS

[1] a)Y. C. Ho, S. H. Chung, Chem. Eng. J. 2021, *422*, 130363; b) Y. S. Zhang, P. Zhang, B. Li, S. J. Zhang, K. L. Liu, R. H. Hou, X. L. Zhang, S. R. P. Silva, G. S. Shao, Energy Storage Mater. 2020, *27*, 159; c) Z. H. Li, C. Zhou, J. H. Hua, X. F. Hong, C. J. Sun, H. W. Li, X. Xu, L. Q. Mai, Adv. Mater. 2020, *32*, 1907444; d) R. H. Hou, S. J. Zhang, P. Zhang, Y. S. Zhang, X. L. Zhang, N. Li, Z. H. Shi, G. S. Shao, J. Mater. Chem. A 2020, *8*, 25255.

[2] a)Y. S. Zhang, X. L. Zhang, S. R. P. Silva, B. Ding, P. Zhang, G. S. Shao, Adv Sci 2022, *9*, e2103879; b) H. J. Li, K. Xi, W. Wang, S. Liu, G. R. Li, X. P. Gao, Energy Storage Mater. 2022, *45*, 1229; c) R. H. Hou, S. J. Zhang, Y. S. Zhang, N. Li, S. B. Wang, B. Ding, G. S. Shao, P. Zhang, Adv. Funct. Mater. 2022, *32*, 2200302.

[3] a) L. L. Zhang, D. B. Liu, Z. Muhammad, F. Wan, W. Xie, Y. J. Wang, L. Song, Z. Q. Niu, J. Chen, Adv. Mater. 2019, *31*, el903955; b) J. Xie, B. Q. Li, H. J. Peng, Y. W. Song, M. Zhao, X. Chen, Q. Zhang, J. Q. Huang, Adv. Mater. 2019, *31*, 1903813.

[4] a) J. N. Wang, S. S. Yi, J. W. Liu, S. Y. Sun, Y. P. Liu, D. W. Yang, K. Xi, Guo Xin Gao, A. Abdelkader, W. Yan, S. J. Ding, R. V. Kumar, ACS Nano 2020, *14*, 9819; b) H. F. Xu, Q. B.

Jiang, B. K. Zhang, C. Chen, Z. Lin, Adv. Mater. 2020, *32*, 1906357; c) S. J. Zhang, Y. S. Zhang, G. S. Shao, P. Zhang, Nano Research 2021, *14*, 3942; d) M. Zhao, H. J. Peng, Z.-W. Zhang, B. Q. Li, X. Chen, J. Xie, X. Chen, J. Y. Wei, Q. Zhang, J. Q. Huang, Angew. Chem. Int. Ed. 2019, *58,* 3779.

[5] a) W. L. Cai, G. R. Li, D. Luo, G. N. Xiao, S. S. Zhu, Y. Y. Zhao, Z. W. Chen, Y. V. Zhu, Y. T. Qian, Adv. Energy Mater. 2018, *8*, 1802561; b) W. F. Zhang, B. Y. Xu, L. H. Zhang, W. Li, S. L. Li, J. X. Zhang, G. X. Jiang, Z. M. Cui, H. Y. Song, N. Grundish, K. X. Shi, B. K. Zhang, Y. Fan, F. Pan, Q. B. Liu, L. Du, Small 2022, *18*, e2105664; c) L. Luo, S. H. Chung, H. Yaghoobnejad Asl, A. Manthiram, Adv. Mater. 2018, *30*, 1804149; d) H. D. Shi, X. M. Ren, J. M. Lu, C. Dong, J. Liu, Q. H. Yang, J. Chen, Z. S. Wu, Adv. Energy Mater. 2020, *10*, 2002271.

[6] a) J. S. Cai, J. Jin, Z. D. Fan, C. Li, Z. X. Shi, J. Y. Sun, Z. F. Liu, Adv. Mater. 2020, *32*, e2005967; b) J. R. He, A. Manthiram, Adv. Energy Mater. 2020, *10*, 2002654; c) H. Mao, W. Yu, Z. Y. Cai, G. X. Liu, L. M. Liu, R. Wen, Y. Q. Su, H. R. Kou, K. Xi, B. Q. Li, H. Y. Zhao, X. D, H. Wu, W. Yan, S. J. Ding, Angew. Chem. Int. Ed. Engl. 2021, *60*, 19306; d) J. Xu, L. L. Xu, Z. L. Zhang, B. Sun, Y. Jin, Q. Z. Jin, H. Liu, G. X. Wang, Energy Storage Mater. 2022, *47*, 223; e) H. M. Zhang, X. B. Liao, Y. P. Guan, Y. Xiang, M. Li, W. F. Zhang, X. Zhu, H. Ming, L. Lu, J. Y. Qi, Y. Q. Huang, G. P. Cao, Y. S. Yang, L. Q. Mai, Y. Zhao, H. Zhang, Nat Commun 2018, *9*, 3729; f) J. Lei, X. X. Fan, T. Liu, P. Xu, Q. Hou, K. Li, R. M. Yuan, M. S. Zheng, Q. F. Dong, J. J. Chen, Nat. Commun. 2022, *13*, 202.

[7] a) W. Q. Yao, W. Z. Zhen, J. Xu, C. X. Tian, K. Han, W. Z. Sun, S. X. Xiao, ACS Nano 2021, *15,* 7114; b) G. Ye, M. Zhao, L. P. Hou, W. J. Chen, X. Q. Zhang, B. Q. Li, J. Q. Huang, J. Energy Chem. 2022, *66*, 24.

[8] a) Y. Chen, H. Huang, L. Liu, Y. Chen, Y. Han, Adv. Energy Mater. 2021, *11*, 2101774; b) H. Mao, W. Yu, Z. Y. Cai, G. X. Liu, L. M. Liu, R. Wen, Y. Q. Su, H. R. Kou, K. Xi, B. Q. Li, H. Y. Zhao, X. Y. Da, H. Wu, W. Yan, S. J. Ding, Angew. Chem. Int. Ed. 2021, *60*, 19306; c) Y. J. Li, T. T. Gao, D. Y. Ni, Y. Zhou, M. Yousaf, Z. Q. Guo, J. H. Zhou, P. Zhou, Q. Wang, S. J. Guo, Adv. Mater. 2022, *34*, 2107638; d) P. Xue, K. P. Zhu, W. B. Gong, J. Pu, X. Y. Li, C. Guo, L. Y. Wu, R. Wang, H. P. Li, J. Y. Sun, G. Hong, Q. Zhang, Y. G. Yao, Adv. Energy Mater. 2022, *12,* 2200308.

[9] a) L. Yu, D. H. Deng, X. H. Bao, Angew. Chem. Int. Ed. Engl. 2020, *59*, 15294; b) Y. Wang, P. J. Ren, J. T. Hu, Y. C. Tu, Z. M. Gong, Y. Cui, Y. P. Zheng, M. S. Chen, W. J. Zhang, C. Ma, L. Yu, F. Yang, Y. Wang, X. H. Bao, D. H. Deng, Nat Commun 2021, *12*, 5814.

[10]a) S. J. Zhang, P. Zhang, R. H. Hou, B. Li, Y. S. Zhang, K. L. Liu, X. L. Zhang, G. S. Shao, J. Energy Chem. 2020, *47*, 281; b) C. Xiong, Z. Y. Wang, X. D. Peng, Y. Guo, S. L. Xu, T. S. Zhao, J. Mater. Chem. A 2020, *8*, 14114; c) J. N. Wang, G. R. Yang, J. Chen, Y. P. Liu, Y. K. Wang, C. Y. Lao, K. Xi, D. W. Yang, C. J. Harris, W. Yan, S. J. Ding, R. V. Kumar, Adv. Energy Mater. 2019, *9*, 1902001.

[ll]a) C. Du, J. Wu, P. Yang, S. Y. Li, J. M. Xu, K. X. Song, Electrochim. Ata 2019, *295*, 1067; b) X. Huang, J. Y. Tang, B. Luo, R. Knibbe, T. E. Lin, H. Hu, M. Rana, Y. X. Hu, X. B. Zhu, Q. F. Gu, D. Wang, L. Z. Wang, Adv. Energy Mater. 2019, *9*, 1901872; c) L. Kong, J. X. Chen, H. J. Peng, J. Q. Huang, W. C. Zhu, Q. Jin, B. Q. Li, X. T. Zhang, Q. Zhang, Energy Environ. Sci. 2019, *12*, 2976; d) J. J. Song, X. Guo, J. Q. Zhang, Y. Chen, C. Y. Zhang, L. Q. Luo, F. Y. Wang, G. X. Wang, J. Mater. Chem. A 2019, *7*, 6507; e) H. Tang, W. L. Li, L. M. Pan, K. J. Tu, F. Du, T. Qiu, J. Yang, C. P. Cullen, N. McEvoy, C. F. Zhang, Adv. Funct. Mater. 2019, *29*, 1901907; f) D. Tian, X. Song, M. Wang, X. Wu, Y. Qiu, B. Guan, X. Xu, L. Fan, N. Zhang, K. Sun, Adv. Energy Mater. 2019, *9*, 1901940; g) X. W. Wang, C. H. Yang, X. H. Xiong, G. L. Chen, M. Z. Huang, J.

H. Wang, Y. Liu, M. L. Liu, K. Huang, Material de armazenamento de energia. 2019, *16*, 344.
[12]a) Y. Z. Chen, K. Y. Zou, X. Dai, H. H. Bai, S. L. Zhang, T. F. Zhou, C. X. Li, Y. N. Liu, W. K. Pang, Z. P. Guo, Adv. Funct. Mater. 2021, *31*, 2102458; b) H. Sul, A. Bhargav, A. Manthiram, Adv. Energy Mater. 2022, *12*, 2200680.
[13]a) J. D. Liu, J. J. Liang, C. Y. Wang, J. M. Ma, J. Energy Chem. 2019, *33*, 160; b) Z. Q. Ye, Y. Jiang, L. Li, F. Wu, R. Chen, Adv. Mater. 2020, *32*, e2002168.
[14]H. Yuan, H. J. Peng, B. Q. Li, J. Xie, L. Kong, M. Zhao, X. Chen, J. Q. Huang, Q. Zhang, Adv. Energy Mater. 2019, *9*, 1802768.
[15] S. Y. Hu, M. J. Yi, H. Wu, T. S. Wang, X. Ma, X. L. Liu, J. H. Zhang, Adv. Funct. Mater. 2021, *32*, 2111084.
[16] a) H. T. Li, C. Chen, Y. Y. Yan, T. R. Yan, C. Cheng, D. Sun, L. Zhang, Adv. Mater. 2021, *33,* e2105067; b) W. J. Qu, Z. Y. Lu, C. N. Geng, L. Wang, Y. Guo, Y. B. Zhang, W. C. Wang, W. Lv, Q. H. Yang, Adv. Energy Mater. 2022, *12*, 2202232.
[17]M. Zhao, H. J. Peng, B. Q. Li, X. Chen, J. Xie, X. Liu, Q. Zhang, J. Q. Huang, Angew. Chem. Int. Ed. 2020, *59*, 9011.
[18]P. P. Zhang, Y. G. Zhao, Y. K. Li, N. Li, S. R. P. Silva, G. S. Shao, P. Zhang, Adv Sci (Weinh) 2023, *10*, e2206786.
[19]a) G. Kresse, J. Furthmüller, Computational Materials Science 1996, *6*, 15; b) G. Kresse, J. Furthmüller, J. Hafner, Phys. Rev, B 1994, *50*, 13181.
[20] J. P. Perdew, J. A. Chevary, S. H. Vosko, K. A. Jackson, M. R. Pederson, D. J. Singh, C. Fiolhais, AmericanPhysical Society 1992, *46*, 6671.
[21]P. Chi, Physical ReviewB. 1994, *50*, 17953.
[22] S. Grimme, J. Antony, S. Ehrlich, H. Krieg, J. Chem. Phys. 2010, *132*, 154104.
[23] V. Wang, N. Xu, J. C. Liu, G. Tang, W. T. Geng, Comput. Phys. Commun. 2021, *267*, 108033.

Regulação da estrutura dos poros de um electrocatalisador à base de nanofolhas de carbono para uma conversão eficiente da fase de polissulfuretos

Conteúdo

1. INTRODUÇÃO

Os avanços tecnológicos nos dispositivos de armazenamento de energia com densidades de energia elevadas são o resultado do aumento do consumo humano de energia, da utilização efectiva de eletrónica portátil e da utilização de veículos eléctricos ([1],2]. Devido aos recursos abundantes e não tóxicos de enxofre, uma tecnologia proposta para o armazenamento de energia da próxima geração são as baterias de lítio-enxofre (Li-S), que têm uma elevada densidade energética teórica (2600 Wh kg^{-1}). No entanto, uma série de questões, incluindo as propriedades isolantes dos sulfuretos de enxofre e de lítio, o infame efeito de vaivém do polissulfureto de lítio solúvel e a enorme alteração de volume (80%) do cátodo de enxofre durante a descarga e a carga, impedem significativamente a comercialização das baterias de Li-S [3,4].

A incorporação de enxofre em matrizes de carbono condutor poroso [5], tais como materiais de carbono poroso [6], grafeno [7] e nanotubos de carbono [8] é um método eficaz para resolver estes problemas. No entanto, a migração dos polissulfuretos não pode ser impedida de se deslocar para o lado do cátodo devido à fraca interação física entre os polissulfuretos polares e os materiais de carbono não polares ([9],10]. Neste contexto, os materiais polares, tais como átomos de metais catalíticos (por exemplo, Ni, Co e Pt) [11], carbonetos de metais de transição [12], óxidos [13], nitretos [14], sulfuretos [15], etc., foram combinados com materiais de carbono, proporcionando sítios catalíticos e adsorção química para polissulfuretos. O desempenho eletroquímico dos cátodos de enxofre que utilizam estes electrocatalisadores micro/nanoestruturados à base de carbono demonstrou ser muito melhorado em condições de baixa carga de enxofre e de elevada utilização do eletrólito [16].

No entanto, para além da capacidade específica do enxofre, a carga de enxofre e a utilização do eletrólito são também factores importantes que afectam a densidade energética das baterias de Li-S. Nos parâmetros para baterias Li-S práticas com alta densidade de energia de mais de 300 Wh kg^{-1}, as perdas por difusão e as lentas conversões de fase dos polissulfetos de alta concentração são os principais problemas. Cerca de três quartos da capacidade teórica para a redução em várias fases das espécies de enxofre são explicados pela conversão do LÌ2S4 solúvel em LÌ2S2/LÌ2S insolúvel ([17], 18]. O L12S sólido acumula-se na interface elétrodo/eletrólito como um produto de descarga. Ao contrário das reacções electrocatalíticas típicas, como a evolução do hidrogénio e a redução do oxigénio, que têm um processo de difusão rápida de produtos gasosos, o L12S sólido não pode difundir-se da superfície ativa. Em resultado da ausência de locais de nucleação contínuos, o L12S apresenta normalmente uma morfologia bidimensional em camadas que abrange a superfície do elétrodo [19]. As propriedades de isolamento elétrico do L12S resultam na inevitável passivação da superfície do elétrodo, causando uma elevada resistividade eletrónica durante a deposição. Depois de a superfície ativa estar basicamente coberta, a transferência de iões/electrões e polissulfuretos é difícil de atravessar a densa película passiva de L12S, o que leva a uma cinética lenta da reação líquido-sólido. No processo redox do enxofre, a conversão do líquido em sólido é considerada o passo que determina a taxa [20]. De acordo com a teoria dos eléctrodos porosos, a estrutura dos poros do electrocatalisador afecta significativamente a reação líquido-sólido na eletroquímica do Li-S. Os microporos e os pequenos mesoporos são facilmente bloqueados por produtos sólidos, causando uma forte polarização do elétrodo. O sobrepotencial gerado pela polarização faz com que o L12S só se possa depositar na superfície do elétrodo. Por conseguinte, a construção de uma estrutura de poros adequada do electrocatalisador é essencial para a excelente atividade catalítica em reacções líquido-sólido de polissulfuretos de elevada concentração, que é o caminho garantido para as baterias de Li-S com elevada densidade energética I[21-23]! Neste caso, foi utilizada uma estratégia fácil e geral, baseada em sais fundidos, para fabricar nanofolhas de carbono porosas hierárquicas incorporadas com nanopartículas metálicas de electrocatalisadores. As estruturas dos poros dos electrocatalisadores baseados em nanofolhas de carbono foram controladas com precisão através da regulação do conteúdo do modelo KC1 solúvel em água. O estudo da ligação entre a estrutura dos poros e o comportamento eletroquímico do Li-S revelou a importância das estruturas dos poros nas conversões de fase dos polissulfuretos. Como resultado, os microporos ($d < 2$ nm) e os mesoporos pequenos ($d < 20$ nm) têm pouco impacto na reação redox líquido-líquido, enquanto os mesoporos grandes (20 nm $< d <$ 50 nm) e os macroporos ($d >$ 50 nm) desempenham um papel decisivo neste processo eletroquímico (como se mostra no Esquema 1). Para uma exposição típica, as nanofolhas de carbono embebidas em níquel (Ni- CNS) com as estruturas óptimas de poros demonstram uma superfície sedimentar altamente eficaz para inibir a migração de polissulfuretos e oferecer sítios mais activos para a reação redox de espécies de enxofre. Com um separador Ni-CNS redesenhado, as baterias Li-S exibem uma capacidade específica superior, um desempenho de taxa excecional e estabilidade de ciclo. Além disso, demonstramos ainda a viabilidade e generalidade de outros tipos de electrocatalisadores suportados por redes de nanofolhas de carbono (como Ni, Co, MoC e MnO) através desta abordagem. Este estudo oferece uma receita racional para controlar a forma dos poros dos electrocatalisadores baseados em nanofolhas de carbono para baterias Li-S de excelente desempenho.

2. SECÇÃO EXPERIMENTAL

2.1 Preparação deNi-C e M-CNS

Dissolver 0,8 g de polivinilpirrolidona (PVP, *Mw* = 1.300.000, Shanghai Macklin Biochemical Co, Ltd), 2 g de KC1 e 30 mg de sal metálico, como Ni(CH_3COO)2'4H2O, Co(NO($_3$))2-6H_2O, (NH_4)6Mθ7θ24-4H$_{(2)}$)O, ou Mn($CH_3COO)_2$-2H_2O em 10 mL de água desionizada. Após a dissolução completa, a solução foi liofilizada em vácuo, e o xerogel foi então recolhido. Depois disso, este xerogel foi aquecido a 850 °C a uma taxa de 5 °C min^{-1} e mantido a esta temperatura durante 1 h numa atmosfera de Ar em fluxo. O produto foi então submerso em água desionizada e repetidamente filtrado para remover KC1, e depois seco durante a noite a 60 °C para produzir CNS incorporado com Ni, Co, MoC e MnO (chamado Ni-CNS, Co-CNS, MoC-CNS e MnO-CNS). Para efeitos de comparação, foram preparadas amostras utilizando 1, 2 e 3 g de modelo KC1, designadas Ni-CNS-1, Ni-CNS-2 e Ni- CNS-3, respetivamente. O mesmo processo foi utilizado para sintetizar Ni-C, mas sem a necessidade de um modelo de KC1.

2.2 Preparação do separador modificado

Na N-metil-2-pirrolidinona (NMP), o Ni-CNS, o SP, o óxido de grafeno reduzido (RGO) e o poli (fluoreto de vinilideno) (PVDF) foram combinados numa proporção de peso de 7:1:1:1 e agitados durante 12 h para criar uma pasta homogénea. Preparação do separador Ni-CNS utilizando a filtração a vácuo para fixar a pasta à superfície do separador PP. As cargas do separador para os cátodos de carga comum e de elevada área de enxofre foram mantidas em cerca de 0,4 e 0,55 mg cm^{-2}, respetivamente. O separador foi então seco sob vácuo a 50 °C durante 12 h antes de ser cortado em discos circulares de 19 mm de diâmetro. O separador de NiC também foi criado utilizando o mesmo processo para comparação.

2.3 Preparação do cátodo de enxofre

O enxofre em pó, o SP e o PVDF foram misturados em NMP com um rácio de peso de 70:25:5 para criar a pasta catódica, que foi então agitada durante 12 h para criar uma pasta homogénea. A pasta foi revestida num coletor de corrente de alumínio e seca durante 12 horas a 60 °C. A massa de carga dos cátodos de enxofre comuns era de cerca de 1,2-1,5 mg cm^{-2}. A nanofibra de carbono foi utilizada como coletor para os eléctrodos com elevada carga de enxofre, e foi criada uma pasta misturando enxofre em pó, Ni-CNS, SP e PVDF numa proporção de peso de 60:20:15:5 em NMP. Para cátodos de alta carga, a carga de massa areal foi aumentada para 3,7, 6,0 e 8,0 mg cm^{-2}. O papel de nanofibra de carbono utilizado como cátodo foi cortado em discos redondos com cerca de 2 mm de diâmetro.

2.4 Preparação da solução de LiiSó e teste de adsorção visualizado

O enxofre em pó e o sulfureto de lítio (L12S) foram dissolvidos numa mistura de 1,2- dimetoxietano (DME) e 1,3-dioxolano (DOL) (v:v =1:1) sob agitação vigorosa a 60 °C durante 12 h para produzir uma solução de L12S6 (2 mmol L"[1]). 50,0 mg de pó de Ni-C e Ni-CNS foram introduzidos individualmente em 3,0 mL das soluções de L12S6 preparadas acima mencionadas para o teste de adsorção. Após 12 h de repouso, foram fotografados em . Após a separação do sólido e do líquido, as soluções foram examinadas por espetroscopia UV-vis.

2.5 Montagem e medições de células simétricas

O PVDF e o Ni-C ou Ni-CNS foram divididos em NMP numa relação de peso de 9:1. A pasta resultante foi aplicada com uma lâmina em folhas de alumínio e deixada a secar durante 12 h a 60 °C. A folha de alumínio foi cortada em discos esféricos com um diâmetro de 12 mm e uma densidade superficial de 2 mg cm^{-2} para servir de eléctrodos. Uma solução de DME/DOL compreendendo 1,0 mol L^{-1} de bis(trifluorometanosulfonil)imida de lítio (LiTFSI) + 2 wt.% de L1NO3 foi vigorosamente agitada com uma relação de peso 5:1 de enxofre em pó e L12S para criar um eletrólito L12S6 (0,2 mol L^{1}) num porta-luvas protegido com árgon. Dois eléctrodos idênticos foram colocados numa célula do tipo moeda CR2032 com um separador PP e 40 pL de eletrólito L12S6. Foram utilizadas células simétricas para ensaios CV a diferentes velocidades de varrimento na gama de tensões de -LV a -V e ensaios EIS na gama de frequências de 10^{5}-10^{-2} Hz.

2.6 Medições de nucleação L12S

Utilizando o material ativo produzido como cátodo, o PP como separador e a folha de Li como ânodo, foi montada a célula assimétrica de catalisador de Li. Entre eles, 30 pL de catolito L12S6 e 30 pL de eletrólito de enxofre de lítio foram adicionados aos lados do cátodo e do ânodo, respetivamente. A fim de permitir a nucleação do L12S, as células montadas foram descarregadas galvanostaticamente a 0,112 mA para 2,13 V e depois mantidas potenciostaticamente a 2,05 V até a corrente descer abaixo de 10^{-5} A.

2.7 Montagem da célula e medições electroquímicas

O separador modificado, a placa de lítio do ânodo, o elétrodo de enxofre do cátodo e o eletrólito (1,0 mol L^{-1} LiTFSI com 2,0 wt.% L1NO3 em DOL/DME (v:v = 1:1)) constituíram a célula. A carga de enxofre nas pilhas normais situa-se entre 1,2 e 1,5 mg cm^{-2} e a relação E/S é de 30 pL mg^{-1}. As células com uma carga elevada de enxofre tiveram as suas relações E/S reguladas para 13,2, 8,1 e 6 pL mg^{-1}, respetivamente. No analisador de baterias Neware-BTS3000 e Land CT2001A, os testes de desempenho de taxa e ciclo das células tipo moeda Li-S foram realizados utilizando carga-descarga galvanostática a uma taxa C dentro de uma janela de tensão de 1,7-2,8 V. As células foram armazenadas durante 12 h antes das experiências electroquímicas. Em um

CHI 600A (Shanghai Chenhua, China), as medições de voltametria cíclica (CV) foram efectuadas a uma velocidade de varrimento de 0,1 mV s^{-1}. Além disso, foram efectuadas medições de espetroscopia de impedância eletroquímica (EIS) na gama de frequências de 10^5-10^{-2} Hz com uma tensão de circuito aberto.

2.8 Caracterização

A microscopia eletrónica de transmissão (TEM, FEI Tecnai G2 F20) e a difração de raios X (XRD, Bruker D8 Advance), bem como o SEM de emissão de campo (ZEISS SIGMA 500) foram utilizados para avaliar a estrutura e a morfologia. A composição das fases foi identificada por Raman (instrumento LabRAM HR Evolution). O método de adsorção/dessorção de N2 (sistema ASAP 2460) foi utilizado para confirmar a área de superfície específica e as propriedades de distribuição do tamanho dos poros. A ligação química dos materiais foi medida utilizando XPS (instalação AXIS Supra). Além disso, foi utilizado o Japan UV-3600 para registar os espectros de absorção UV-vis.

2.9 Montagem da célula de bolsa e medições electroquímicas

O ânodo de lítio e o cátodo de enxofre foram ambos divididos em pedaços de 5,0 cm x 6,0 cm. A carga de enxofre do cátodo na célula de bolsa era de cerca de 1,43 mg cm^{-2} (carga total de enxofre: 43,0 mg). A espessura do ânodo do cinto de lítio era de 0,4 mm. As células Pouch foram montadas através de um processo de montagem em forma de Z e o processo de embalagem adoptou o método de selagem do lado superior. Foram utilizados terminais de alumínio para o cátodo e terminais de níquel para o ânodo. As condições de ensaio eletroquímico são as mesmas que as das pilhas tipo moeda CR2032.

3. RESULTADOS E DISCUSSÃO

A Fig. 1(a) apresenta uma representação esquemática da síntese de M-CNS. Após agitação magnética, dissolve-se água desionizada com KC1 como modelo, hidratos de sal de metal (como níquel, cobalto, manganês e molibdénio) como fonte de metal e polivinilpirrolidona (PVP) como fonte de carbono para criar uma solução uniforme. De seguida, a solução é liofilizada, o que faz com que o KC1 se recristalize em cubos. Entretanto, a superfície é uniformemente encapsulada por uma película ultrafina de PVP-sal metálico e auto-montada numa estrutura tridimensional ([24], [25]) (*KC1@PVP-*M^{n+}). O pó precursor seco é então carbonizado. Durante o processo de carbonização, o catião metálico é decomposto e reduzido pelo carbono, resultando na geração de um conjunto tridimensional de KC1 revestido com as nanopartículas catalíticas à base de metal. Finalmente, os electrocatalisadores incorporados em redes de nanofolhas de carbono 3D foram efetivamente produzidos após a remoção do modelo KC1 com água desionizada e após secagem. Além disso, o KC1 nas águas residuais pode ser facilmente separado e reutilizado.

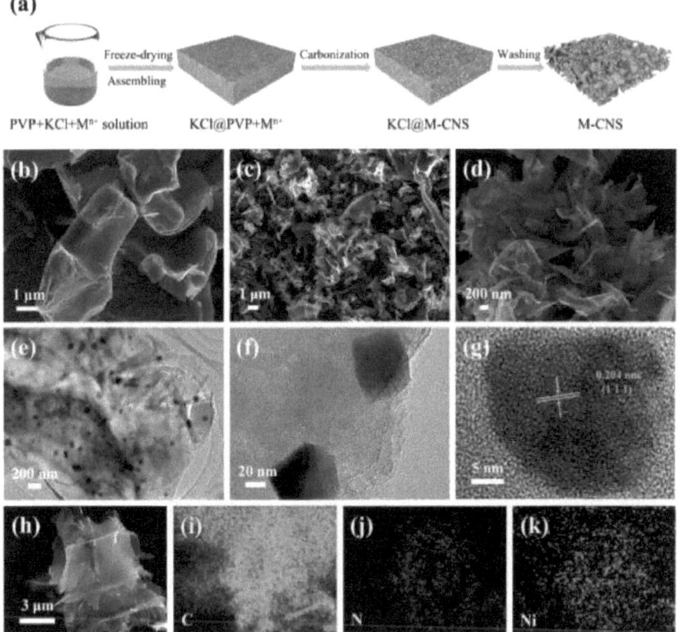

FIGURA 1 (a) Uma representação esquemática da via de síntese de M-CNS; imagens SEM de (b) KCl@Ni-CNS-2 e (c, d) Ni-CNS-2; (e, f) TEM e (g) imagens HRTEM deNi-CNS-2; (h-k) imagem SEM, bem como

as correspondentes imagens de mapeamento elementar de Ni-CNS-2.

De acordo com investigações recentes, as nanopartículas metálicas de Ni podem aumentar a capacidade de adsorção de polissulfuretos, bem como fazer avançar drasticamente a conversão cinética de polissulfuretos ([8],26]. Por conseguinte, a Ni-CNS-2 foi preparada para apoiar a conversão de espécies de enxofre como uma demonstração típica. Como exemplo, a Fig. SI nas Informações Suplementares mostra as imagens SEM do precursor de KCl@PVP-Ni^{2+} quando o hidrato de sal de níquel foi utilizado como fonte de metal. Após a carbonização, o cristal cúbico de KC1 foi revestido por nanopartículas de Ni incorporadas em nanofolhas de carbono (KCl@Ni-CNS-2), como se mostra na Fig. 1(b). O compósito Ni-CNS-2 foi facilmente obtido lavando-o com água para remover o KC1. As microestruturas do Ni-CNS-2 e do material de carbono embebido em níquel preparado sem modelo KC1 (Ni-C) são caracterizadas. Como se mostra na Fig. l(c, d), a amostra Ni-CNS-2 apresenta uma morfologia de rede de carbono poroso hierárquico interligado, composto por numerosas nanofolhas de carbono. A maioria dos diâmetros dos poros varia entre 100 nm e alguns microns. As nanofolhas de carbono tipo grafeno apresentam uma morfologia ultrafina, provavelmente inferior a alguns nanómetros. Espera-se que uma tal estrutura porosa hierárquica aumente a transferência de iões e de massa, bem como promova a conversão L1PS/LÌ2S. Em contraste, o Ni-C exibe uma grande morfologia de blocos de carbono com extensa aglomeração de níquel na sua superfície (Fig. S2(a, b)). As imagens TEM do Ni-CNS-2 (Fig. l (e, f)) confirmam que a rede de carbono interconectada é composta por nanofolhas de carbono ultrafinas e nanopartículas de Ni uniformemente distribuídas. A imagem HRTEM do Ni- CNS-2 demonstra a franja de rede com um espaçamento interplanar de 0,204 nm (Fig. 1(g)). Isto corresponde ao plano (111) do Ni nanocristalino monocristalino. Na Fig. l(h-k), as imagens de mapeamento elementar correspondentes a uma região alargada de Ni-CNS-2 indicam a existência de elementos C, N e Ni, bem como a sua distribuição uniforme em comparação com Ni-C (Fig. S3(a-d)). A distribuição uniforme das nanopartículas de Ni em toda a superfície do compósito proporciona uma superfície altamente acessível para a quimisorção e a conversão catalítica de polissulfuretos.

O padrão XRD do Ni-CNS-2 é mostrado na Fig. 2(a). O pico de difração a 26° pertence ao carbono grafítico, enquanto os picos a 44,3°, 51,6° e 76° correspondem aos planos cristalinos (111), (200) e (220) do Ni, o que indica a incorporação bem sucedida de nanopartículas de Ni no Ni-CNS-2. A banda D e a banda G caraterísticas destas amostras são visíveis nos espectros Raman a -1.350 e -1.580 cm^{-1} (Fig. 2(b)), que estão associados a defeitos na rede e à vibração $E2_g$ de átomos de carbono ligados a sp^2, respetivamente [8,27]. A maior razão entre a banda D e a banda G do Ni-CNS-2 (*IdIg=1*,42) em comparação com o Ni-C (*Id/Ig=1*,33) indica mais defeitos no Ni-CNS-2. As composições dos elementos químicos e as configurações de ligação do Ni-CNS-2 são examinadas por análises XPS. O espetro de XPS do Ni-CNS-2 (Fig. 2 (c)) exibe picos distintos de C Is, N Is, O Is e Ni 2p, que indicam a presença dos elementos C, N, O e Ni no Ni-CNS-2. As ligações C-C, C-N&C-O e C-COOH, respetivamente, são representadas por três picos distintos nos espectros Cis ajustados, que estão localizados a 284,8, 286,1 e 288,5 eV (Fig. 2(d)). São visíveis três formas diferentes de N no espetro XPS de alta resolução do N Is: N piridínico, N pirrólico e N grafítico, com energias de ligação de 398,9, 401,4 e 404,2 eV, respetivamente (Fig. 2(e)). Obviamente, a maioria dos átomos de azoto são piridínicos e pirrólicos, o que pode proporcionar locais favoráveis para a quimisorção de polissulfuretos [28]. Podem observar-se quatro picos distintos quando a análise de alta resolução do Ni 2p

O espetro XPS (Fig. 2 (f)) é desconvolvido. Estes picos correspondem a dois picos principais 2p3/2 (852,3 eV) e 2pııı (870,1 eV) de níquel metálico e dois picos satélite (858,6 e 878,7 eV). A presença de Ni pode servir como sítios catalíticos para acelerar a conversão de polissulfetos, que por sua vez promove as reações redox de espécies de enxofre durante a carga e descarga [8].

Vale a pena mencionar que, ajustando o conteúdo em massa do modelo KC1, as estruturas dos poros do Ni-CNS podem ser alteradas. As amostras foram preparadas utilizando 1, 2 e 3 g de modelo KC1, denominadas Ni-CNS-1, Ni-CNS-2 e Ni-CNS-3, respetivamente. Quando se utilizou 1 g de KC1, observou-se níquel incorporado em redes hierárquicas de nanofolhas de carbono poroso dominadas por grandes mesoporos e macroporos, mas as nanofolhas não são ultrafinas em Ni-CNS-1 (Fig. 3(e)). Com o aumento da massa de KC1 para 2 g, formam-se redes ultrafinas de nanofolhas de carbono embebidas em níquel (Fig. 3(f)). No entanto, quando a massa de KC1 aumenta ainda mais para 3 g, a morfologia enrolada é exibida por algumas nanofolhas de carbono (Fig. 3 (g)). As estruturas dos poros dos quatro materiais foram identificadas por testes BET. Como pode ser visto nas isotermas de adsorção/dessorção de N2 (Fig. 3(a)), todos os quatro materiais de carbono mostram uma tendência crescente no intervalo de baixa pressão relativa (*PIP0* < 0,1), indicando a presença de estruturas microporosas em todos esses materiais de carbono. A amostra de Ni-C apresenta a maior quantidade de adsorção de azoto, indicando a existência de mais microporos no material. No intervalo de mesopressão relativa (0,3 <*PIP0* < 0,8), as isotermas de adsorção de N2 de Ni-C exibem curvas tipicamente do tipo IV com um loop de histerese significativo, demonstrando a existência de mesoporos nas amostras. No intervalo de alta pressão relativa (*PIP0* > 0,9), o Ni-CNS-1, o Ni-CNS-2 e o Ni-CNS-3 apresentam uma tendência de aumento contínuo e perfis do tipo Il, o que confirma a existência de muitos macroporos em cada amostra. E o Ni-CNS-2 apresenta a maior quantidade de adsorção de N2, indicando a presença de mais macroporos no Ni-CNS-2. Na Fig. 3 (b), a curva de distribuição do tamanho dos poros do Ni-C exibe um pico microporoso de maior volume de poros em *d* < 2 nm e um pico mesoporoso de certo volume de poros em 20 nm < *d* < 50 nm, e sua curva cumulativa de volume de poros (Fig. 3 (c)) tende a ser estável na faixa de tamanho de poro de *d*> 20 nm, o que indica que o Ni-C é a estrutura microporosa (*d* < 2 nm) e pequena mesoporosa (*d* < 20 nm). Enquanto as curvas de distribuição do tamanho dos poros de Ni-CNS-1, Ni-CNS-2 e Ni-CNS-3 exibem as mesmas caraterísticas que as das amostras de Ni-C, e suas curvas de volume cumulativo de poros mostram uma tendência crescente na faixa de tamanho de poros de *d* > 2 nm, e o gradiente da linha reta é maior na gama de grandes mesoporos e macroporos, indicando que Ni-CNS-1, Ni-CNS-2 e Ni-CNS-3 são todos micro/meso/macroporos de carbono dominados por grandes mesoporos (20 nm < *d*<*50* nm) e macroporos (*d* > 50 nm).

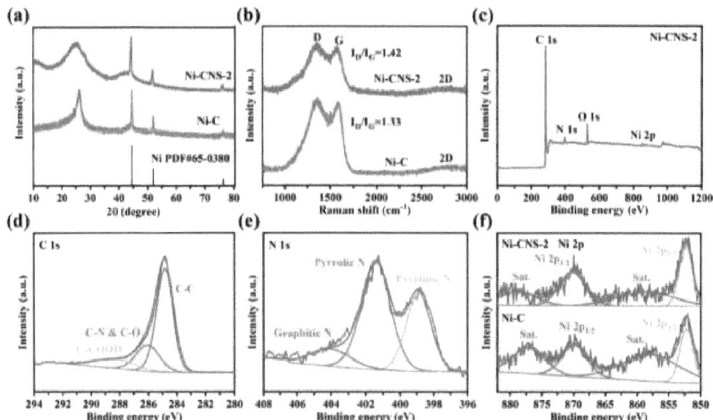

FIGURA 2 (a) Padrões de XRD e (b) espectros Raman de Ni-C e Ni-CNS-2; (c) espetro de levantamento XPS de Ni- CNS-2; (d) espectros XPS de C Is e (e) N Is para Ni-CNS-2; (f) espectros XPS de Ni 2p para Ni-C e Ni-CNS-2.

As áreas superficiais específicas de Ni-C, Ni-CNS-1, Ni-CNS-2 e Ni-CNS-3 são

126,7, 25,4, 62,1 e 28,1 $m^2 g^{-1}$, e os volumes totais de poros são 0,115, 0,068, 0,178 e 0,078 $cm^3 g^{-1}$, respetivamente. A presença do modelo KCl para formar grandes mesoporos e macroporos é o que faz com que a área de superfície específica do Ni-CNS-2 diminua e seu volume total de poros aumente quando comparado ao Ni-C. Os microporos e os pequenos mesoporos conferem ao carbono poroso uma elevada área superficial específica, enquanto os grandes mesoporos e macroporos podem produzir um grande volume de poros [29]. As diminuições das áreas de superfície específicas e dos volumes totais de poros do Ni-CNS-1 e do Ni-CNS-3 devem-se principalmente às lamelas mais espessas de carbono ou à acumulação de modelos de KCl que resultam numa fraca integridade estrutural dos materiais. Com a existência dos modelos de KCl, forma-se a estrutura hierárquica de rede de nanofolhas de carbono poroso com grandes mesoporos e macroporos.

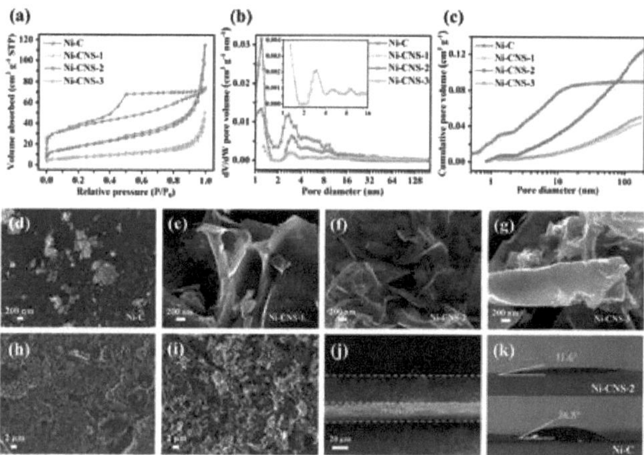

FIGURA 3 (a) Isotérmicas de adsorção/dessorção de N2, (b) distribuição do tamanho dos poros e (c) curvas de volume cumulativo dos poros de Ni-C, Ni-CNS-1, Ni-CNS-2 e Ni-CNS-3; imagens SEM de (d) Ni-C, (e) Ni-CNS-1, (f) Ni-CNS-2 e (g) Ni-CNS-3; Imagens SEM das superfícies superiores dos separadores (h) Ni-C e (i) Ni-CNS-2; (j) Imagem SEM da secção transversal do separador Ni-CNS-2; (k) Ângulo de contacto dos separadores Ni-C e Ni-CNS-2.

Estudar o comportamento eletroquímico das reacções redox de espécies de enxofre em amostras de Ni-CNS-2 e Ni-C com estruturas porosas muito diferentes. Os separadores de Ni-CNS-2 e Ni-C foram fabricados por filtragem a vácuo da solução de dispersão das amostras de pó num separador convencional de polipropileno (PP). O separador universal de PP (Fig. S4) apresenta uma estrutura macroporosa típica com tamanhos de poro (-100 nm) que faz com que os polissulfuretos atravessem facilmente o separador. Depois de serem revestidos com

Ni-CNS-2, os nanoporos no separador de PP puro foram completamente cobertos [30]. A densidade de área do Ni-CNS-2 é de -0,4 mg cm^{-2}. A imagem da superfície superior do separador Ni-CNS-2 é mostrada na Fig. 3(i), que apresenta uma homogeneidade estrutural com uma espessura de cerca de 32 µm da camada de revestimento (Fig. 3(j)). Por conseguinte, o separador Ni-CNS-2 pode evitar de forma notável a migração de polissulfuretos e a camada de revestimento funcional pode funcionar como um segundo coletor de corrente para acelerar a reativação/reutilização dos materiais activos interceptados [28]. Para comparação, foi também fabricado o separador Ni-C com uma densidade de área semelhante (Fig. 3(h)) e uma espessura de cerca de 27 µm (Fig. S5). A camada de modificação da superfície mais fina do separador Ni-C em comparação com o separador Ni-CNS-2 deve-se à estrutura de rede de nanofolhas de carbono na superfície do separador Ni-CNS-2. A molhabilidade dos separadores em relação ao eletrólito foi verificada por medições do ângulo de contacto (Figs. 5(k) e S6). O ângulo de contacto do separador Ni-CNS (11,6°) é muito inferior ao do separador NiC (26,8°) e ao do separador PP (37,6°). Este resultado representa que o separador Ni-CNS-2 possui uma grande molhabilidade do eletrólito, o que facilita o transporte de Li^+ através do separador [31].

Foi investigado o efeito de diferentes estruturas de poros no comportamento eletroquímico do Li-S. Devido às estruturas hierárquicas da rede de nanofolhas de carbono poroso, o separador Ni-CNS-2 apresenta a menor resistência à transferência de carga, como mostram os gráficos de Nyquist (Fig. 4(a)). Os microporos e os pequenos mesoporos suprimem eficazmente o vaivém das espécies de enxofre e servem como locais mais activos para a redox das espécies de enxofre, enquanto os grandes mesoporos e macroporos fornecem muitos canais de transporte de carga/massa para facilitar a sua difusão. Sem surpresa, o Ni-C com microporos e estruturas mesoporosas apresenta a taxa de transferência de carga mais lenta e a taxa de difusão de Li^+ . Além disso, a resistência à transferência de carga do Ni-CNS-1 e do Ni-CNS-3 é superior à do separador Ni-CNS-2. Isto deve-se ao facto de o Ni-CNS-2, que tem uma área de superfície específica e um volume total de poros superiores aos do Ni-CNS-1 e do Ni-CN-3, poder proporcionar vias de transferência de massa rápidas para o crescimento de películas finas de L12S e acelerar a redução das espécies de enxofre.

As capacidades de taxa das células com diferentes separadores são apresentadas na Fig. 4(b). Com o aumento da corrente, a célula com o separador Ni-CNS-2 registou a menor diminuição da capacidade. A célula com o separador Ni-CNS-2 fornece capacidades reversíveis avançadas de 1277,3, 1137,9, 1029,6, 944 e 847,8 mAh g^{-1} a 0,1, 0,2, 0,5, 1 e 2 C, respetivamente. A capacidade retida é de 987,5 mAh g^{-1} quando a densidade de corrente volta a 0,5 C, o que indica uma propriedade de taxa superior. Além disso, a célula com separador de PP apresenta uma grande resistência e uma fraca capacidade de débito (Fig. S7). A Fig. 4 (c-e) compara os perfis de carga e descarga do primeiro ciclo das células com os separadores Ni-C, Ni- CNS-1, Ni-CNS-2 e Ni-CNS-3 numa gama de 1,7-2,8 V (vs Li^+ /Li) a 0,1, 1 e 2 C, respetivamente. A célula com o separador Ni-CNS-2 apresenta a capacidade específica mais elevada e o potencial de polarização mais baixo. A célula com o separador Ni-CNS-2 ainda mantém uma plataforma de descarga clara e uma elevada capacidade de descarga mesmo a 2 C. Em duas plataformas de tensão e várias densidades de corrente, é efectuada uma comparação colunar da capacidade específica das células com quatro separadores (Fig. 4(f, g)). As capacidades de descarga das quatro amostras são muito semelhantes na gama de 2,4 a 2,1 V (QI), mas na gama de 2,1 a 1,6 V (Q2), o Ni-CNS-2 possui uma capacidade de descarga superior à dos outros separadores. Como mostra a Fig. 4(h), a relação entre a capacidade específica de descarga da plataforma Q2 e o volume acumulado de poros a J >20 nm é explorada, e pode ver-se que ambos mostram claramente a mesma tendência. Este resultado sugere que o Ni-CNS-2, com grandes mesoporos e macroporos, é mais favorável à reação de conversão líquido-sólido do L12S4 solúvel em sulfuretos insolúveis do que o Ni-C, o Ni-CNS-1 e o Ni-CNS-3 [32, 33].

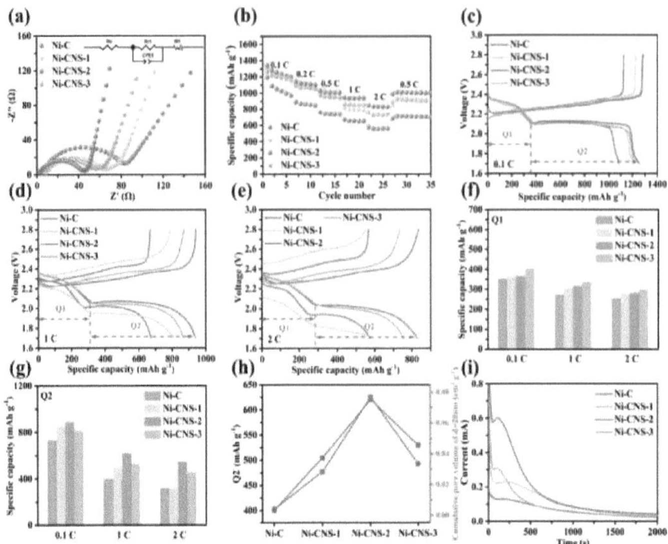

FIGURA 4 (a) Gráficos EIS das células com diferentes separadores; (b) Capacidade de taxa das células com diferentes separadores a várias densidades de corrente; (c-e) Perfis galvanostáticos de carga/descarga das células com diferentes separadores aO.l, 1 e 2 C; (f, g) Comparação colunar da capacidade específica das células com diferentes separadores em duas plataformas de tensão; (h) Relação entre a capacidade específica de descarga da plataforma Q2 e o volume acumulado de poros a J >20 nm; (i) Curvas de descarga de diferentes eléctrodos a 2,05 V com um eletrólito LÌ2S6.

A reação de transformação líquido-sólido de L12S4 em LÌ2S/L12S2 em diferentes superfícies de materiais é ainda explorada pela deposição eletroquímica potenciostática (Fig. 4(i)). Observa-se que, em relação a outros eléctrodos, o elétrodo Ni-CNS-2 apresenta uma posição de corrente de pico mais precoce, uma corrente de pico mais elevada e uma maior capacidade de eletrodeposição de L12S a 2,05 V. Estas observações demonstram que o Ni-CNS-2 possui uma cinética catalítica rápida que facilita a redução de L12S4 e os processos de nucleação e deposição de L12S [34-36]. As células que utilizam diferentes separadores foram testadas a 1 C para avaliar o desempenho do ciclo (Fig. S8). Em comparação com Ni-C, Ni-CNS-1 e Ni- CNS-3, a célula com o separador Ni-CNS-2 apresenta uma capacidade específica de descarga mais elevada e uma menor atenuação da capacidade. Os resultados acima mostram que os microporos e os pequenos mesoporos do Ni-C têm pouco efeito na reação redox líquido-sólido devido à polarização do elétrodo, ao passo que os grandes mesoporos e macroporos do Ni-CNS-2 favorecem a superfície sedimentar eficaz do L12S, desempenhando assim um papel decisivo. Além disso, em comparação com o Ni-CNS-2, as nanofolhas de carbono mais espessas do Ni-CNS-1 e a integridade estrutural mais fraca e a estabilidade catalítica mais fraca do Ni-CNS-3, bem como a sua área de superfície específica mais pequena e o volume cumulativo de poros, apresentam assim uma reação redox de espécies de enxofre pobre. A Fig. S9 mostra os mecanismos de deposição de polissulfuretos em materiais com diferentes tamanhos de poros. Em comparação com o tamanho pequeno dos poros ($d < 20$ nm), o tamanho grande dos poros ($d > 20$ nm) é mais propício à utilização efectiva do volume dos poros, o que pode não só conseguir uma rápida transferência de massa, suprimir a perda de vaivém, mas também facilitar a deposição uniforme de LiiS e promover a conversão eficiente de polissulfuretos.

Foram realizados outros testes de desempenho eletroquímico utilizando Ni-CNS-2 com uma estrutura de poros ideal para modificar o separador e demonstrar que os materiais de carbono poroso com mesoporos e macroporos predominantemente grandes podem melhorar significativamente as propriedades electroquímicas das baterias de Li-S. Na Fig. 5(a), a capacidade específica inicial da célula com o separador Ni-CNS-2 é de cerca de 1121,4 mAh g^{-1} a 0,5 C, e mantém 916,9 mAh g^{-1} após 100 ciclos (retenção de capacidade de 81,7%). Em contrapartida, o separador Ni-C e a célula baseada em PP (Fig. S10) têm desempenhos muito inferiores. O efeito limitador e catalítico efetivo do separador Ni-CNS-2 sobre os polissulfuretos foi ainda verificado a 1 C e com tempos de ciclo mais longos (Fig. 5(b)). A capacidade inicial do separador Ni-CNS-2 é de 960,7 mAh g^{-1}. A capacidade era ainda de 760,1 mAh g^{-1} após 300 ciclos, com uma taxa de retenção de capacidade de 79,1% e uma degradação média da capacidade de 0,07% em cada ciclo. O desempenho eletroquímico do Ni-CNS-2 é comparável e mesmo superior ao dos separadores de revestimento relatados (Tabela SI nas Informações Suplementares).

Foram produzidos cátodos com uma elevada carga de área de enxofre para ilustrar os desempenhos electroquímicos práticos das baterias de Li-S que utilizam o separador Ni-CNS-2. As baterias de Li-S com altas cargas de área de enxofre (3,7 e 6 mg cm^{-2}) mostram altas capacidades específicas iniciais de 1229,9 e 1047,2 mAh g^{-1} a 0,1 C e permanecem cerca de 954,7 e 847,7 mAh g^{-1} após 100 ciclos (Fig. 5(c)). Depois de aumentar a carga de área de enxofre para 8 mg cm^{-2} e baixar a relação E/S para 6 Lil. mg^{-1} (Fig. 5(e)), a capacidade específica inicial é de 970,2 mAh g^{-1} a 0,05 C, o que se traduz numa capacidade específica de área de 7,7 mAh cm^{-2}. Com uma taxa de retenção de capacidade de 82,2%, a célula ainda apresentava uma elevada capacidade específica de 798,0 mAh g^{-1} (equivalente a 6,4

mAh cm^{-2} em capacidade específica de área) após 100 ciclos a 0,05 C. Este resultado confirmou que a Ni-CNS-2 poderia contribuir significativamente para a reação redox de espécies de enxofre, mesmo com baixa E/S. A Fig. 5(d) apresenta as curvas de carga e descarga correspondentes para células com separadores Ni-CNS-2 sob uma carga elevada de enxofre. Além disso, os LEDs podem ser acesos com sucesso por duas baterias Li-S ligadas em série com uma elevada carga de enxofre (Fig. 5(f)). A possível aplicação prática do separador Ni-CNS-2 pode ser verificada através da montagem da célula de bolsa. Como mostra a Fig. Sil, a célula de bolsa de eléctrodos de enxofre de folha única (5,0 cm X 6,0 cm) com uma elevada carga de enxofre (43,0 mg) apresenta uma capacidade de 41,9 mAh a
no primeiro ciclo de ativação de 1 mA e 28,6 mAh no primeiro ciclo de 2 mA.

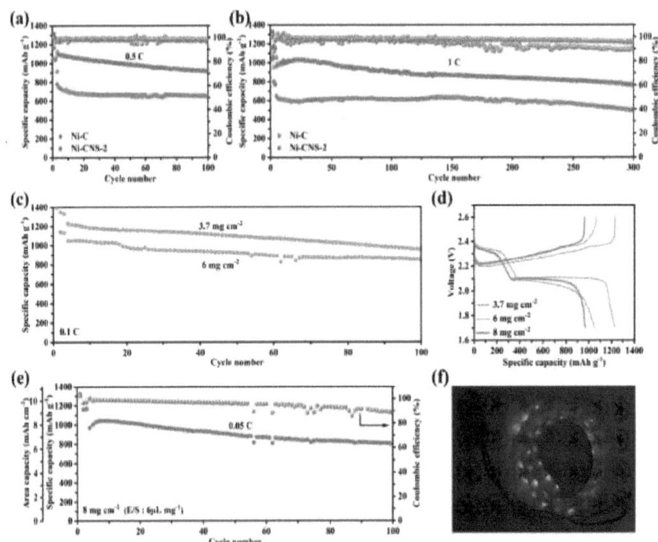

FIGURE 5 Cycle performance of cells using various separators at (a) 0.5 C and (b) 1 C; (d) Charge/discharge profiles and cycling performance of the cells with Ni-CNS-2 separator at (c) 0.1C and (e) 0.05 C with high areal sulfur loading, (f) Digital photo ofLEDs lightened by two coin cells made by Ni-Separadores CNS-2.

É do conhecimento geral que a excelente adsorção de polissulfuretos pelo material é um pré-requisito para garantir a obtenção de uma cinética de reação redox rápida. Para confirmar a adsorção química de polissulfuretos pelo Ni-CNS-2, foi efectuada uma medição da adsorção estática. Como apresentado na Fig. 6(a), a solução L12S6 com a amostra Ni-CNS-2 pode atingir a maior transparência, em comparação com a solução original e a solução L12S6 com a adição do pó de Ni-C. O grau de adsorção de polissulfuretos pelo Ni-CNS-2 foi ainda investigado por espetroscopia UV-visível (Fig. 6(b)). Em comparação com o Ni-C, a amostra de Ni-CNS-2 mostra uma intensidade de pico de absorção muito mais fraca para os polissulfuretos, provando que o Ni-CNS-2 tem uma melhor capacidade de adsorção para os polissulfuretos. Os resultados revelam a forte capacidade de adsorção do Ni-CNS-2 para polissulfuretos. O catalisador para polissulfuretos também tem um efeito fundamental na obtenção da cinética rápida da reação redox e do excelente desempenho eletroquímico das baterias de Li-S. As curvas CV das células são apresentadas na Fig. 6(c). Obviamente, a célula com o separador Ni-CNS-2 apresenta um intervalo de potencial menor, maior densidade de corrente e potencial de início dos picos redox. As curvas CV das células simétricas são apresentadas na Fig. 6(d). Em particular, em comparação com a Ni-C, a curva CV da célula Ni-CNS-2 apresenta uma área de pico maior e uma resposta de corrente mais forte a 10 mV s^{-1}, indicando que a atividade catalítica da Ni-CNS-2 para a conversão de polissulfuretos é significativamente melhorada [37]. A Fig. 6(e) apresenta as curvas CV das células simétricas de Ni-CNS-2 com várias velocidades de varrimento. Os picos redox continuam a destacar-se mesmo a uma taxa elevada de 25 mV s^{-1}, indicando um excelente efeito catalítico do Ni-CNS-2 em relação aos polissulfuretos. A Fig. 6(f) mostra os espectros EIS de células simétricas. Claramente, o Ni-CNS-2 apresenta uma impedância mais baixa do que o Ni-C, o que indica que o Ni-CNS-2 tem uma boa cinética eletroquímica [38]. Estes resultados indicam que o Ni-CNS-2, com um elevado teor de grandes mesoporos e macroporos, demonstra ser uma superfície sedimentar altamente eficaz para inibir a migração de polissulfuretos e proporcionar mais locais activos para a reação redox dos polissulfuretos.

Os cálculos da teoria do funcional da densidade (DFT) são utilizados para investigar os processos de ancoragem e catalíticos para polissulfuretos em diferentes moléculas químicas. A Fig. S12 mostra a vista lateral da estrutura optimizada do L12S6 ligado em banda à superfície de Ni (111)/C. E, como mostra a Tabela S2, as energias de interação da molécula L12S6 nas superfícies de C puro e Ni (111)/C são -1,08 e -3,12 eV, respetivamente, demonstrando que o Ni-CNS-2 possui uma capacidade de ancoragem muito mais forte aos polissulfuretos do que o carbono puro. Os perfis de energia livre de Gibbs calculados para a reação líquido-sólido de L12S4 para L12S em C puro e Ni (111)/C são apresentados na Fig. S13. Verificou-se que a etapa que limita a velocidade do processo de descarga é a conversão de L12S2 em L12S. No caso do catalisador integrado Ni-CNS-2, a energia livre de Gibbs da etapa limitadora da taxa é a mais baixa, demonstrando que a presença de sítios activos de Ni, bem como as nanofolhas de carbono, diminuem efetivamente a barreira energética da reação sólido-sólido de L12S2 para L12S.

Os parâmetros do cálculo teórico podem ser consultados nas Informações Suplementares.

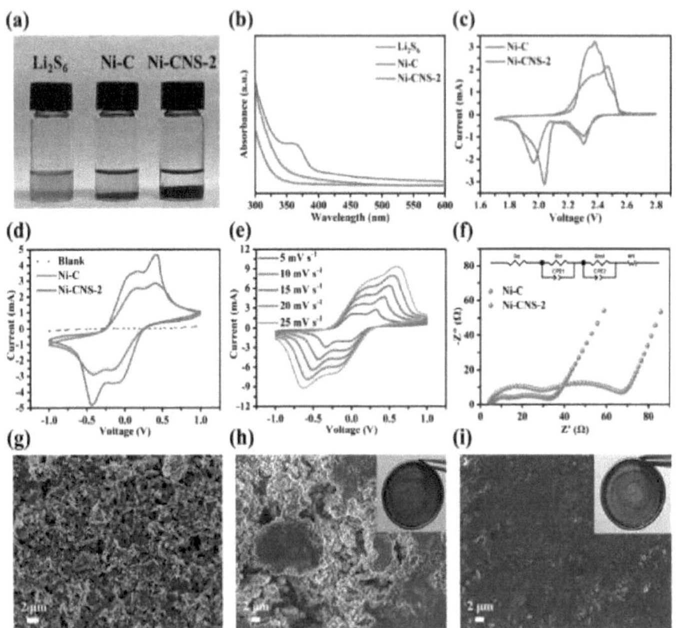

FIGURA 6 (a) Fotografia da solução de Li_2S6 antes e depois da adição da mesma massa de Ni-C e Ni-CNS-2; (b) Espectros de absorção UV-vis da solução individual de LÌ2S0, bem como das que contêm Ni-C e Ni-CNS-2; (c) Curvas CV de células com diferentes separadores; (d) Curvas CV de células simétricas a 10 mV s': (e) Curvas CV da célula simétrica Ni-CNS-2 a várias velocidades de varrimento; (f) Espectros EIS de células simétricas com diferentes eléctrodos; (g) Imagem SEM da superfície do separador Ni-CNS-2 após 50 ciclos a 1 C; Imagens SEM de ânodos de lítio montados com (h) separadores Ni-C e (i) Ni-CNS-2 após 50 ciclos a 1 C (as inserções mostram a fotografia ótica do ânodo de lítio no estado correspondente).

A Ni-CNS-2 apresenta vantagens significativas em termos de processo eletroquímico de Li-S. Após 50 ciclos a 1 C, a célula foi desmontada. Na Fig. S14, em comparação com o separador de NiC, a cor dos polissulfuretos não é vista no lado do ânodo de lítio da superfície do separador Ni- CNS-2, indicando que o efeito de vaivém dos polissulfuretos é reduzido com sucesso. Para avaliar a estabilidade do Ni-CNS-2 durante ciclos prolongados, foi observada a superfície do separador Ni-CNS-2 após o ciclo. A imagem SEM da superfície da camada de revestimento

Ni-CNS-2 após os ciclos na Fig. 6(g) confirmou que as nanofolhas de carbono ainda permaneciam intactas e não diferiam significativamente da morfologia original.

Além disso, o ânodo de lítio foi observado através de fotografias digitais e de MEV para avaliar a corrosão por polissulfuretos de vaivém. A Fig. S15 mostra a imagem SEM do lítio fresco. A superfície de Li da célula que utiliza o separador Ni-CNS-2 mantém-se relativamente lisa e não se observam dendritos de Li óbvios após 50 ciclos a Celsius (Fig. 6(h)). Em contraste, a superfície do ânodo de Li da célula com Ni-C torna-se relativamente rugosa com muitas dendrites de Li (Fig. 6(i)). Os resultados acima indicam ainda que a camada de revestimento de Ni-CNS-2 no separador pode confinar eficazmente os polissulfuretos ao lado do cátodo durante ciclos electroquímicos de longa duração.

A viabilidade e a generalidade do método são demonstradas através da utilização de diferentes fontes de sais metálicos solúveis em água para obter nanopartículas de metais, óxidos metálicos e carbonetos metálicos incorporados em redes de nanofolhas de carbono, incluindo Co-CNS, MoC-CNS e MnO-CNS. As nanopartículas de metais e compostos metálicos estão uniformemente distribuídas em redes de nanofolhas de carbono com uma espessura ultrafina semelhante à das folhas de grafeno (Fig. S16(a-c)). Na Fig. S16(d-f), a excelente pureza destes compósitos M-CNS é indicada por XRD. Foram também investigadas as propriedades electroquímicas das baterias Li-S com várias nanopartículas metálicas (Co-CNS, MoC-CNS e MnO-CNS) incorporadas em redes de nanofolhas de carbono como camadas modificadas de separadores. Pode ver-se na Fig. S17 que todas as células com os separadores M-CNS apresentam um bom desempenho de ciclo e uma baixa recessão a 1 C. Isto confirma que a construção de M-CNS como materiais activos para adsorção e catálise de polissulfuretos é uma estratégia viável e geral, que pode ser generalizada para nanopartículas mais activas à base de metal para fabricar baterias Li-S de elevada propriedade.

4. CONCLUSÕES

Em suma, foi proposto um método simples e geral de síntese de nanofolhas de carbono porosas hierárquicas com nanopartículas metálicas de electrocatalisadores. As estruturas dos poros dos electrocatalisadores baseados em nanofolhas de carbono foram controladas com precisão através da regulação do conteúdo do modelo KCl solúvel em água. A relação entre as estruturas dos poros e o comportamento eletroquímico do Li-S foi estudada, o que demonstrou uma influência fundamental das estruturas dos poros nas conversões de fase dos polissulfuretos. Na reação redox líquido-sólido dos polissulfuretos, os microporos ($d<2$ nm) e os pequenos mesoporos ($d < 20$ nm) tiveram pouco impacto, enquanto os mesoporos (20 nm $< d <$ 50 nm) e os macroporos ($d>$ 50 nm) desempenharam um papel decisivo. Como uma exibição típica, as nanofolhas de carbono embebidas em níquel (Ni-CNS) com alto conteúdo de grandes mesoporos e macroporos demonstram uma superfície sedimentar altamente eficaz, inibindo a migração de polissulfetos e fornecendo mais locais ativos para as reações redox de espécies de enxofre. Por conseguinte, as baterias de Li-S que utilizam o separador Ni-CNS apresentam uma capacidade específica superior, um excelente desempenho em termos de taxa e estabilidade ciclística. Além disso, verificámos a viabilidade e generalidade desta abordagem sintetizando outros tipos de electrocatalisadores suportados por redes de nanofolhas de carbono (tais como Ni, Co, MoC e MnO). Este estudo fornece uma referência fiável para a regulação das estruturas dos poros dos electrocatalisadores baseados em nanofolhas de carbono para baterias de Li-S.

AGRADECIMENTOS

Este trabalho foi apoiado financeiramente pela Fundação Nacional de Ciências Naturais da China (n.º U2004172 e 51972287), pela Fundação Nacional de Ciências Naturais da Província de Henan (n.º 202300410368 e 222301420039), pela Fundação para Professores-Chave Universitários da Província de Henan (n.º 2020GGJS009), pelos Talentos de Inovação em Ciência e Tecnologia nas Universidades da Província de Henan (n.º 23HASTIT001) e pela Fundação de Ciências de Pós-Doutoramento da China (n.º 2021M692898).

REFERÊNCIAS

[1] P. Shi, X.Q. Zhang, X. Shen, R. Zhang, H. Liu, Q. Zhang, Adv. Mater. Technol. 5 (2019) 1900806.

[2] Z.J. Zheng, Q. Su, Q. Zhang, X.C. Hu, Y.X. Yin, R. Wen, H. Ye, Z.B. Wang, YG. Guo, Nano Energy 64 (2019) 103910.

[3] Z. Li, F. Zhang, T. Cao, L.B. Tang, Q.J. Xu, H.M. Liu, YG. Wang, Adv. Funct. Mater. 30 (2020) 2006294.

[4] Y. Ouyang, W. Zong, J. Wang, Z. Xu, L.L. Mo, F.L. Lai, Z.L. Xu, YE. Miao, T.X. Liu, Material de armazenamento de energia. 42 (2021) 68-77.

[5] Q. Pang, X. Liang, C.Y. Kwok, L.F. Nazar, Nat. Energy 1 (2016) 1-11.

[6] D. Cai, B.K. Liu, D.H. Zhu, D. Chen, M.J. Lu, J.M. Cao, YH. Wang, W.H. Huang, Y. Shao, HR Tu, W. Han, Adv. Energy Mater. 10 (2020) 1904273.

[7] G.M. Zhou, L. Li, D.W. Wang, X.Y. Shan, S.F. Pei, F. Li, H.M. Cheng, Adv. Mater. 27 (2015) 641-647.

[8] X.T. Zuo, M.M. Zhen, C. Wang, Nano Res. 12 (2019) 829-836.

[9] C. Chen, Q.B. Jiang, H.F. Xu, Y.P. Zhang, B.K. Zhang, Z.Y. Zhang, Z. Lin, S.Q. Zhang, Nano Energy 76 (2020) 105033.
[10] Z.H. Gu, C. Cheng, T.R. Yan, G.L. Liu, J.S. Jiang, J. Mao, K.H. Dai, J. Li, J. P. Wu, L. Zhang, Nano Energy 86 (2021) 106111.
[11] K. Zhang, Z.X. Chen, R.Q. Ning, S.B. Xi, W. Tang, YH. Du, C.B. Liu, Z.Y. Ren, X. Chi, M.H. Bai, C. Shen, X. Li, X.W. Wang, X.X. Zhao, K. Leng, S.J. Pennycook, H.P. Li, H. Xu, K.P. Loh, K.Y Xie, ACS Appi. Mater. Interfaces 11 (2019) 25147-25154.
[12] Z. Zhang, J.N. Wang, A.H. Shao, D.G. Xiong, J.W. Liu, C.Y. Lao, K. Xi, S. Y. Lu, Q. Jiang, J. Yu, H.L. Li, Z.Y. Yang, R.V. Kumar, Sci. ChinaMater. 63 (2020) 2443-2455.
[13] Z. Su, M.Q. Chen, Y.K. Pan, YJ. Liu, H. Xu, Y.Y. Zhang, D.H. Long, J. Mater. Chem. A8 (2020) 24117-24127.
[14] X.Y. Yang, S. Chen, W.B. Gong, X.D. Meng, J.P. Ma, J. Zhang, L.R. Zheng, H.D. Abruna, J.X. Geng, Small 16 (2020) 2004950.
[15] X.J. Gao, X.F. Yang, M.S. Li, Q. Sun, J.N. Liang, J. Luo, J.W. Wang, W.H. Li, J.W. Liang, YL. Liu, S.Z. Wang, YF. Hu, Q.F. Xiao, R.Y Li, T.K. Sham, X.L. Sun, Adv. Funct. Mater. 29 (2019) 1806724.
[16] B. Yu, F. Ma, D.J. Chen, K. Srinivas, X.J. Zhang, X.Q. Wang, B. Wang, W.L. Zhang, Z.G. Wang, W.D. He, YF. Chen, J. Mater. Sci. Technol. 90 (2021) 37-44.
[17] S.H. Chung, C.H. Chang, A. Manthiram, Adv. Funct. Mater. 28 (2018) 1801188.
[18] R.P. Fang, S.Y. Zhao, Z.H. Sun, D.W. Wang, H.M. Cheng, F. Li, Adv. Mater. 29 (2017) 1606823.
[19] R. Xiao, T. Yu, S. Yang, K. Chen, Z.N. Li, Z.B. Liu, T.Z. Hu, G.J. Hu, J. Li, H.M. Cheng, Z.H. Sun, F. Li, Energy Storage Mater. 51 (2022) 890-899.
[20] D.Q. Cai, J.L. Yang, T. Liu, S.X. Zhao, G.Z. Cao, Nano Energy 89 (2021) 106452.
[21] S.J. Zhang, YS. Zhang, G.S. Shao, P. Zhang, Nano Res. 14 (2021) 3942-3951.
[22] Z. Li, Y.M. Huang, L.X. Yuan, Z.X. Hao, YH. Huang, Carbon 92 (2015) 41-63.
[23] L.L. Zhang, YJ. Wang, Z.Q. Niu, J. Chen, Carbono 141 (2019) 400-416.
[24] T. Meng, L.R. Zheng, J.W. Qin, D. Zhao, M.H. Cao, J. Mater. Chem. A 5 (2017) 20228-20238.
[25] Q.H. Yu, Y. Lu, R.J. Luo, X.M. Liu, K.F. Huo, J.K. Kim, J. He, YS. Luo, Adv. Funct. Mater. 28 (2018)1804520.
[26] L.L. Zhang, D.B. Liu, Z. Muhammad, F. Wan, W. Xie, YJ. Wang, L. Song, Z. Q. Niu, J. Chen,
Adv. Mater. 31 (2019) 1903955.
[27] C.L. Song, W. Zhang, Q.W. Jin, Y. Zhao, Y.G. Zhang, X. Wang, Z. Bakenov, J. Mater. Sci. Technol. 119(2022)45-52.
[28] Z.B. Cheng, H. Pan, J.Q. Chen, X.P. Meng, R.H. Wang, Adv. Energy Mater. 9 (2019) 1901609.
[29] Y. Tian, Z.Y. Wei, F. Li, S.J. Li, L.X. Shao, M.Y He, P.F. Sun, Y.Y. Li, J. Mater. Sci. Technol. 100 (2022)216-223.
[30] B. Wang, D.Y Sun, YL. Ren, X.Y. Zhou, Y.J. Ma, S.C. Tang, X.K. Meng, J. Mater. Sci. Technol. 125 (2022) 97-104.
[31] X.S. Shi, D. Lei, S.M. Qiao, Q. Zhang, Q. Wang, X.Y. Deng, J.H. Liu, G.H. He, F.X. Zhang, ACS Appi. Nano Mater. 5 (2022) 7402-7409.
[32] S.B. Tu, X. Chen, X.X. Zhao, M.R. Cheng, P.X. Xiong, YW. He, Q. Zhang, Y.H. Xu, Adv. Mater. 30 (2018) 1804581.

[33] X.F. Tao, Z. Yang, M.H. Cheng, R. Yan, F. Chen, S.J. Cao, S. Li, T. Ma, C. Cheng, W. Yang, J. Mater. Sci. Technol. 131 (2022)212-220.
[34] D. Tian, X.Q. Song, M.X. Wang, X. Wu, Y. Qiu, B. Guan, X.Z. Xu, L.S. Fan, N.Q. Zhang, K.N. Sun, Adv. Energy Mater. 9 (2019) 1901940.
[35] Z.H. Liu, X.Q. Mao, S. Wang, T.T. Li, YQ. Luo, J.Y Xing, B. Fei, Z.Y. Pan, Z.Q. Tian, P.K. Shen, Chem. Eng. J. 447 (2022) 137433.
[36] H. Ma, X. Liu, N. Liu, Y. Zhao, Y.G. Zhang, Z. Bakenov, X. Wang, J. Mater. Sci. Technol. 115 (2022) 140-147.
[37] Y. Lin, S. He, Z. Ouyang, J.C. Li, J. Zhao, Y.H. Xiao, S.J. Lei, B.C. Cheng, J. Mater. Sci. Technol. 134(2023) 11-21.
[38] W.J. Wang, Y. Zhao, Y.G. Zhang, N. Liu, Z. Bakenov, J. Mater. Sci. Technol. 74 (2021) 69-77.
[39] P. Shi, X.Q. Zhang, X. Shen, R. Zhang, H. Liu, Q. Zhang, Adv. Mater. Technol. 5 (2019) 1900806.
[40] Z.J. Zheng, Q. Su, Q. Zhang, X.C. Hu, Y.X. Yin, R. Wen, H. Ye, Z.B. Wang, Y.G. Guo, Nano Energy 64 (2019) 103910.
[41] Z. Li, F. Zhang, T. Cao, L.B. Tang, Q.J. Xu, H.M. Liu, Y.G. Wang, Adv. Funct. Mater. 30 (2020) 2006294.
[42] Y. Ouyang, W. Zong, J. Wang, Z. Xu, L.L. Mo, F.L. Lai, Z.L. Xu, YE. Miao, T.X. Liu, Material de armazenamento de energia. 42 (2021) 68-77.
[43] Q. Pang, X. Liang, C.Y. Kwok, L.F. Nazar, Nat. Energy 1 (2016) 1-11.
[44] D. Cai, B.K. Liu, D.H. Zhu, D. Chen, M.J. Lu, J.M. Cao, Y.H. Wang, W.H. Huang, Y. Shao, HR Tu, W. Han, Adv. Energy Mater. 10 (2020) 1904273.
[45] G.M. Zhou, L. Li, D.W. Wang, X.Y. Shan, S.F. Pei, F. Li, H.M. Cheng, Adv. Mater. 27 (2015) 641-647.
[46] X.T. Zuo, M.M. Zhen, C. Wang, Nano Res. 12 (2019) 829-836.
[47] C. Chen, Q.B. Jiang, H.F. Xu, Y.P. Zhang, B.K. Zhang, Z.Y. Zhang, Z. Lin, S.Q. Zhang, Nano Energy 76 (2020) 105033.
[48] Z.H. Gu, C. Cheng, T.R. Yan, G.L. Liu, J.S. Jiang, J. Mao, K.H. Dai, J. Li, J. P. Wu, L. Zhang, Nano Energy 86 (2021) 106111.
[49] K. Zhang, Z.X. Chen, R.Q. Ning, S.B. Xi, W. Tang, Y.H. Du, C.B. Liu, Z.Y. Ren, X. Chi, M.H. Bai, C. Shen, X. Li, X.W. Wang, X.X. Zhao, K. Leng, S.J. Pennycook, H.P. Li, H. Xu, K.P. Loh, K.Y Xie, ACS Appı. Mater. Interfaces 11 (2019) 25147-25154.
[50] Z. Zhang, J.N. Wang, A.H. Shao, D.G. Xiong, J.W. Liu, C.Y. Lao, K. Xi, S. Y. Lu, Q. Jiang, J. Yu, H.L. Li, Z.Y. Yang, R.V. Kumar, Sci. ChinaMater. 63 (2020) 2443-2455.
[51] Z. Su, M.Q. Chen, Y.K. Pan, Y.J. Liu, H. Xu, Y.Y. Zhang, D.H. Long, J. Mater. Chem. A 8 (2020)
24117-24127.
[52] X.Y. Yang, S. Chen, W.B. Gong, X.D. Meng, J.P. Ma, J. Zhang, L.R. Zheng, H.D. Abruna, J.X. Geng, Small 16 (2020) 2004950.
[53] X.J. Gao, X.F. Yang, M.S. Li, Q. Sun, J.N. Liang, J. Luo, J.W. Wang, W.H. Li, J.W. Liang, YL. Liu, S.Z. Wang, YF. Hu, Q.F. Xiao, R.Y Li, T.K. Sham, X.L. Sun, Adv. Funct. Mater. 29 (2019) 1806724.
[54] B. Yu, F. Ma, D.J. Chen, K. Srinivas, X.J. Zhang, X.Q. Wang, B. Wang, W.L. Zhang, Z.G. Wang, W.D. He, YF. Chen, J. Mater. Sci. Technol. 90 (2021) 37-44.
[55] S.H. Chung, C.H. Chang, A. Manthiram, Adv. Funct. Mater. 28 (2018) 1801188.

[56] R.P. Fang, S.Y. Zhao, Z.H. Sun, D.W. Wang, H.M. Cheng, F. Li, Adv. Mater. 29 (2017) 1606823.
[57] R. Xiao, T. Yu, S. Yang, K. Chen, Z.N. Li, Z.B. Liu, T.Z. Hu, G.J. Hu, J. Li, H.M. Cheng, Z.H. Sun, F. Li, Energy Storage Mater. 51 (2022) 890-899.
[58] D.Q. Cai, J.L. Yang, T. Liu, S.X. Zhao, G.Z. Cao, Nano Energy 89 (2021) 106452.
[59] S.J. Zhang, YS. Zhang, G.S. Shao, P. Zhang, Nano Res. 14 (2021) 3942-3951.
[60] Z. Li, Y.M. Huang, L.X. Yuan, Z.X. Hao, Y.H. Huang, Carbon 92 (2015) 41-63.
[61] L.L. Zhang, YJ. Wang, Z.Q. Niu, J. Chen, Carbono 141 (2019) 400-416.
[62] T. Meng, L.R. Zheng, J.W. Qin, D. Zhao, M.H. Cao, J. Mater. Chem. A 5 (2017) 20228-20238.
[63] Q.H. Yu, Y. Lu, R.J. Luo, X.M. Liu, K.F. Huo, J.K. Kim, J. He, YS. Luo, Adv. Funct. Mater. 28 (2018)1804520.
[64] L.L. Zhang, D.B. Liu, Z. Muhammad, F. Wan, W. Xie, YJ. Wang, L. Song, Z. Q. Niu, J. Chen, Adv. Mater. 31 (2019) 1903955.
[65] C.L. Song, W. Zhang, Q.W. Jin, Y. Zhao, Y.G. Zhang, X. Wang, Z. Bakenov, J. Mater. Sci. Technol. 119(2022)45-52.
[66] Z.B. Cheng, H. Pan, J.Q. Chen, X.P. Meng, R.H. Wang, Adv. Energy Mater. 9 (2019) 1901609.
[67] Y. Tian, Z.Y. Wei, F. Li, S.J. Li, L.X. Shao, M.Y. He, P.F. Sun, YY. Li, J. Mater. Sci. Technol. 100 (2022)216-223.
[68] B. Wang, D.Y Sun, YL. Ren, X.Y. Zhou, YJ. Ma, S.C. Tang, X.K. Meng, J. Mater. Sci. Technol. 125 (2022) 97-104.
[69] X.S. Shi, D. Lei, S.M. Qiao, Q. Zhang, Q. Wang, X.Y. Deng, J.H. Liu, G.H. He, F.X. Zhang, ACS Appi. Nano Mater. 5 (2022) 7402-7409.
[70] S.B. Tu, X. Chen, X.X. Zhao, M.R. Cheng, P.X. Xiong, YW. He, Q. Zhang, Y.H. Xu, Adv. Mater. 30 (2018) 1804581.
[71] X.F. Tao, Z. Yang, M.H. Cheng, R. Yan, F. Chen, S.J. Cao, S. Li, T. Ma, C. Cheng, W. Yang, J. Mater. Sci. Technol. 131 (2022)212-220.
[72] D. Tian, X.Q. Song, M.X. Wang, X. Wu, Y. Qiu, B. Guan, X.Z. Xu, L.S. Fan, N.Q. Zhang, K.N. Sun, Adv. Energy Mater. 9 (2019) 1901940.
[73] Z.H. Liu, X.Q. Mao, S. Wang, T.T. Li, Y.Q. Luo, J.Y Xing, B. Fei, Z.Y. Pan, Z.Q. Tian, P.K. Shen, Chem. Eng. J. 447 (2022) 137433.
[74] H. Ma, X. Liu, N. Liu, Y. Zhao, Y.G. Zhang, Z. Bakenov, X. Wang, J. Mater. Sci. Technol. 115 (2022) 140-147.
[75] Y. Lin, S. He, Z. Ouyang, J.C. Li, J. Zhao, Y.H. Xiao, S.J. Lei, B.C. Cheng, J. Mater. Sci. Technol. 134 (2023) 11-21.
[76] W.J. Wang, Y. Zhao, Y.G. Zhang, N. Liu, Z. Bakenov, J. Mater. Sci. Technol. 74 (2021) 69-77.

PERGUNTAS E EXERCÍCIOS

1. Na curva CV típica de uma bateria de lítio-enxofre, a que processo de reação corresponde cada pico redox?
2. Porquê introduzir electrocatalisadores no cátodo das baterias de lítio-enxofre?
3. Numa pilha simétrica montada com base num eletrólito que contém LiPS, quais são as reacções que ocorrem no elétrodo de trabalho e no contra-elétrodo?
4. Quais são os métodos de modificação do ânodo de lítio e qual é o seu objetivo?

Printed by Books on Demand GmbH, Norderstedt / Germany